미용문화와

beauty culture and personal color

퍼스널

컬러

미용문화와

퍼스널

  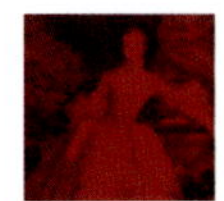 김희숙 지음 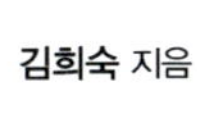  

컬러

　1991년 미용관련학과가 전문대학에 개설된 이래 200여개 대학, 2년, 4년제에 미용관련학과가 개설되어 미용학문의 급격한 발전을 이루어 왔다. 미용학문은 실기 중심의 교재는 많이 발간되었는데 사회·문화적 관점에서 미용문화를 다루는 교재는 드문 것 같다.

　오늘날 우리가 일상처럼 누구나 하는 서양미용, 즉 한국미용화되어 있는 서양의 미용이 어떻게 발달하여 우리에게 수용되어 왔으며, 어떻게 전통미용과 조화를 이루면서 변천되었는지를 사회문화적 관점에서 살펴보고자 했다.

　또한 일상화되어 있는 외모치장 시 가장 중요한 색채의 선택에 있어서 개인의 피부색에 어울리는 패션, 메이크업, 헤어스타일의 색상을 선택하고 최상의 모습으로 꾸밀 수 있는 퍼스널 컬러에 대해서 언급하였다.

이 책의 구성내용은 미용문화의 배경, 20세기 한국의 미용문화, 20세기 서양의 미용문화, 2000년대 이후 미용문화, 퍼스널 컬러 등으로 이루어졌다.

미용문화 분야에 마땅한 교재가 없는 현실에 이 책이 후학들에게 작은 도움이 된다면 큰 기쁨으로 여기겠다.

책의 출판을 맡아주신 한국학술정보(주)와 편집과 교정을 위해 애써주신 여러분께 사의를 표한다.

또한 2011년 부산여자대학 교내 연구비를 지원받아 출간되었으므로 관계자 여러분께 감사드린다.

2011년
김희숙

contents

미용문화의 배경

01

한국여성의 미용문화 배경

한국여성 미용문화와 서양여성 미용문화의 발달에 있어, 특히 미용문화의 유행에 미친 요인에는 사회의 근대화, 산업화라는 사회·문화적 배경이 전제되어 있다. 이에 따라 사회·문화적 배경 및 기술발달 요인과 밀접한 관련이 있는 화장품 산업발달을 분석해 보고자 한다. 먼저 20세기 이전의 미용문화의 발달역사를 살펴본다.

1) 한국 미용문화의 역사

우리나라 화장 기원을 살펴보면 우리나라 화장 역사는 단군신화에서 찾아볼 수 있다. 박달나무 근처를 한민족의 첫 주거지로 삼는 등 향나무인 박달나무를 신성하게 여기는 데서 향료가 생활과 밀접했음을 의미하며, 환웅이 곰과 호랑이에게 준 쑥과 마늘에서 피부를 희고 아름답게 가꾼 흔적도 찾아볼 수 있다. 쑥과 마늘은 양념, 약재로도 볼 수 있지만 피부를 건강하게 하고 미백의 효과를 갖는 화장재료로도 쓰였다.

부족 국가시대 낙랑의 유물로 채협총에서 출토된 채화칠협에서 보이는 인물상은 머리가 정돈되어 있고, 머리털을 뽑아 이마를 넓히고, 눈썹이 굵고 진하게 그려진 점으로 보아 이 시대에 최소한 단정한 몸가짐이 생활의 기본이었음을 나타낸다(전완길, 1994).

3세기에서 10세기에 이르는 삼국시대는 불교의 전래와 함께 불교문화의 영향을 받아 다분히 대륙적인 면모를 갖추어 가기 시작하였다. 삼국 중 가장 먼저 선진화된 고구려 여인들의 화장에 관한 기록은 거의 없지만 평남 용강 소재 쌍용총의 벽화를 보면 귀족 부인과 여관(女官) 및 시녀가 그려져 있는데 머리에는 관을 썼으며, 옷깃은 붉고, 치마에도 붉은 줄이 그려졌다. 그리고 입술과 뺨에는 연지가 그려 있는 것을 볼 수 있다. 또 비슷한 시기에 축조된 수산리 고분화의 귀부인상 역시 머리에 관을 쓰고, 연지로 입술과 뺨을 단장하고 있는 것으로 미루어 보아 고구려는 신분의 높고 낮음에 별 관계없이 많은 이들이 화장을 즐겼음을 보여준다. 쌍용총의 벽화에서 볼 수 있듯이 고구려의 여인들은 보름달처럼 둥근 얼굴을 미의 표준으로 삼았으며, 눈썹 화장에도 각별한 신경을 썼음을 알 수 있다. 눈썹은 짧고 뭉툭하게 그렸으며, 머리의 모양은 틀어서 얹는 형식을 취했고, 미간과 입술에는 오늘날의 부분 색조 화장과 비슷하게 포인트를 두었다.

백제의 화장 기술과 화장품 제조 기술은 일본에까지 전해 줄 정도로 매우 높은 수준이었고, 중국 문헌에 나타난 백제인의 화장 경향은 시분무주(施粉無朱)로 분은 바르되 연지를 바르지 않았다는 것으로 보아 엷고 은은한 화장을 좋아한 것으로 보인다.

신라는 특히 아름다운 몸과 아름다운 정신을 숭상하는 사상으로 화랑들도 아름다운 색깔의 옷차림에 귀고리를 달고, 분을 바르고, 구슬로 장식한 모자를 썼다고 한다. 이와 같은 미의식의 추구로 자연스럽게 화장술과 화장품의 발달이 뒤따르게 되었다.

신라의 삼국통일로 인하여 엷은 화장 위주의 화장 경향이 다소 화려해진 듯하다. 고려시대는 신라시대의 미의식과 화장 문화가 전승, 발전되어 외형상 사치해졌고 내면으로는 탐미주의 색채를 띠었다. 화장 경향 역시 통일신라시대의 한국 고유의 엷고 우아한 화장이 고려시대에도 거의 변함없이 계승되어 왔는데 일부는 사치스러워져 이에 대한 반발도 적지 않았다.

또한 신분에 따라 화장이 달라지고 했는데 기생 중심의 분대화장이 그것이다. 이런 짙은 화장은 여염집 여인들에게는 경멸의 대상이 되었다. 이는 짙은 화장을 금기시 여기는 불교의 영향도 꽤 큰 것으로 보인다(송민정, 1991).

조선시대에 이르러서는 유교의 영향으로 미의식도 신체가 정결해야 마음도 정결하다는 사상으로 바뀌게 되어 청결하면서도 단정한 몸가짐을 위하여 노력하

였다. 또 이와 같이 내·외면의 미를 동일시하는 사상의 영향으로 흰 피부를 선호하게 되었는데 이는 일찍이 고조선시대부터 비롯된 것이지만 조선시대에는 기미, 주근깨와 흉터가 없으며 투명한 피부를 희구하였다. 개화기 이전의 화장 문화는 전통적인 담장(淡粧)과 유사한바, 맑고, 희고, 깨끗한 피부 위에 안한 듯 분 바른 형태로서 엷고 점잖은 분위기를 냈기 때문에 색조 화장보다는 기초화장에 가깝다. 자신의 용모를 아름답게 가꾼다는 뜻에서 '화장'이란 단어도 시대에 따라 변천되어 왔음은 물론이다.

시대별로 화장이란 용어의 변천을 보면, 삼국시대와 고려시대의 지분(脂紛)이란 화장품을 가리키는 말로 연지와 백분의 줄임말이며 화장품의 대명사이다. 이것과 비슷한 말로 분대가 있는데 이것은 백분과 눈썹먹을 가리킨다.

조선시대 와서는 장식은 분을 바르고 꾸민다는 뜻이다. 담장은 우아하고 엷은 화장을 나타내고, 염장은 짙은 화장, 요염한 분위기를 풍긴다. 농장은 야용과 함께 사용, 짙은 화장, 두터운 화장을 말한다. 응장은 농장과 유사하나 더욱 또렷하게 꾸민 상태로 신부 화장 이에 해당한다.

개화기 이후부터는 단장은 분단장, 즉 '화장'과 같은 의미로 사용하였고, 칠보단장은 여러 가지 장식을 이용해 꾸미는 것을 말하였다. 화장은 개화기 이후 일본에서 유입된 어휘로서 분, 연지 따위를 발라 얼굴을 곱게 꾸미는 것을 의미한다.

(1) 화장의 기원

인간은 태어나면서부터 아름다워지고자 하는 미적 본능을 가지고 있는데 미적 본능의 원초적 표현 중의 하나가 바로 화장이다. 화장욕구는 식욕, 성욕과 아울러 인간의 3대 본능으로 태곳적부터 가지고 있었다. 따라서 화장의 기원은 인류의 역사와 더불어 시작되어 발전, 변천하여 오늘에 이르고 있다.

① 삼국시대의 화장

고구려는 5~6세기경에 이미 연지화장을 했으리라고 추측된다. 당신의 고분으로 보이는 쌍영총 벽화의 남녀가 입술과 볼을 붉게 화장하고 있는 것이 그 예이나, 한편 수산리 고분 벽화의 귀부인상도 뺨과 입술이 연지로 단장되어 있으며 눈썹 모양은 가늘면서 약간 둥근 형태를 하고 있다.

삼국사기에는 무녀와 악공이 연지 화장을 한 사실이 기록되어 있다.

백제인의 화장술에 대한 구체적인 내용을 밝힌 기록은 거의 없으나 중국 문헌에 의하면 백제인의 화장 경향은 시분무주(施粉無朱: 분은 바르되 연지를 바르지 않음)라고 기록되어 있다. 이는 중국여인의 화장과 비교한 것으로 백제인은 엷고 은은한 화장을 좋아했다고 보아야 할 것이다.

일본 측 기록에 의하면 서기 285년 백제로부터 화장품 제조 기술과 화장 기술을 배워갔다고 한 것으로 보아 백제의 화장 수준은 상당하였으리라고 생각된다.

신라는 박혁거세와 알영의 일화가 시사하듯이 아름다운 육체에 아름다운 정신이 깃든다는 영육일치사상의 발현인 것이다. 또한 불교의 전래와 불교신봉은 화장과 화장품의 발달에 커다란 영향을 주었다. 김유신의 동생 문희가 엷은 화장을 하고 있었다는 삼국사기의 기록을 찾아볼 수 있다. 통일신라시대는 우리나라 역사상 가장 찬란한 문화와 예술을 간직했으며, 생활수준 역시 고도화되었으므로 통일 이전의 엷은 화장 경향이 통일 이후 다소 화려해진 것으로 여겨진다.

② 고구려시대의 화장

고구려 사람들이 공사로 모일 적에 모두 비단과 금은으로 장식하고 특히 대가나 주부 등의 벼슬아치는 두건을 쓰며 소가는 절풍을 썼다. 또 모두 깨끗한 옷 입기를 좋아하며 밤이면 남녀가 여럿이 모여서 놀이와 음악을 즐겼다는 『후한서(後漢書)』의 기록을 근거로 추리하면, 고구려 사람들이 신분과 직업에 따라 각기 달리 치장했음이 분명하며, 또한 평상시 치레와 나들이 및 의례 치레를 구별하였다. 예를 들면 단편적인 기록이긴 하지만 『삼국사기(三國史記)』에는 무녀와 악공의 연지 화장을 전하고 있다. 이들은 이마에 연지를 동그랗게 그렸다고 한다.

고분벽화에 나타난 고구려 여인의 두발 형태는 머리카락을 뒷머리로부터 앞머리로 감아올려 끄트머리를 앞머리 가운데에 감아 꽂아 얹은머리, 뒤통수에 낮게 머리를 튼 쪽머리, 양쪽 귀 옆의 머리카락 일부를 늘어뜨리는 푼기명머리, 뒷머리에 낮게 머리카락을 묶는 중발머리로 요약된다. 여자는 머리에 건귁(여성이 쓰던 머릿수건)을 썼다. 이것은 부녀자의 쓰개였던 것으로 근래까지 사용되었던 머릿수건 형태이다.

③ 통일신라시대의 화장

신라의 삼국통일(668)을 전후로 화장과 화장품이 어떻게 변했는지 확실히 구
분 지을 수는 없지만, 문무왕 6년(666)에 '부녀의 모든 복장을 당의 것과 동일하
게 하라'는 고지가 내려진 것으로 미루어 통일 이후 화장의 경향이 다소 화려해
졌을 것으로 짐작할 수 있다. 이는 중국과 신라의 문물교류가 빈번해졌음을 의미
하는 바, 당시 중국의 여인들이 짙은 색조의 화장을 하고 있었으므로 의복과 아
울러 화장도 변화했을 것이기 때문이다. 한편 통일 이후 정국이 안정되고 문물이
융성해져 국민생활이 윤택해졌으므로 화장에도 영향을 미쳐 다소 사치해졌을 것
이다.

신라의 한 승려가 서기 629년에 일본에서 연분을 만들고 상을 받은 것으로 보
아 우리나라에서는 그 이전에 이미 연분의 제조가 보편화되었을 것이다. 또한 색
분을 만들어 쓰기도 했는데, 색분의 색소는 백합꽃의 붉은 꽃색가루를 모은 것으
로 누에고치 집에 묻혀서 볼에 발랐다.

현재 출토되고 있는 신라의 화려한 장신구들이 대부분 통일신라시대에 만들어
지고 사용된 것이므로 화장이 이러한 경제적 풍요, 장신구 제조기술과 무관하지
않았을 것이다.

④ 고려시대 화장

통일신라의 뒤를 이은 고려는 태조가 신라의 정치제도와 문화전통을 계승하는
정책을 시행하였고, 국교로 계속 불교를 받아들임으로써 화장문화 또한 전대의
발달된 문화가 그대로 이어졌다. 한편 국초부터 중국의 기녀제도를 본받아 교방
을 두는 등 기녀를 제도화시킴으로써 외형상 사치해졌고 내면으로는 탐미주의의
경향이 농후해졌다. 이는 재가인을 위한 출가법 팔계재 중에 '도식향만', '부저화
영락', '불행도신' 등의 항목에서 잘 나타난다. 즉 일부계층에 한정되긴 하지만 신
체와 머리카락, 옷에 향을 뿌리거나 발랐으며, 옷에 향을 스미게 하였고, 갖가지
보석장식을 패용하고, 여러 가지 화장품을 겹겹이 진하게 발랐기 때문에 일부사
찰에서 이러한 차림의 신자들의 출입을 금지시켰을 것이다.

그러나 『고려도경』에 나타난 부인들의 화장을 보면 "부인들이 몸치장에 있어 얼
굴에 바르는 것을 좋아하지 않아 분만 바르고 연지를 쓰지 않으며 버들잎 같은
눈썹을 그렸다."고 하는바 그 차이를 보이고 있다. 이러한 차이는 고려시대의 화

장이 기생의 분대화장과 여염집 부인들의 옅은 화장으로 이원화되었음을 의미한다. 즉 그 당시의 기생들은 교방에서 가르쳐 준대로 분대화장을 해야 했었는데 여염집 부인들의 화장은 이에 대한 반작용으로 분대화장을 기피하고 옅은 화장을 함으로써 기생과 구분된 데서 기인했다고 보인다.

이와 같은 이유로 교방에서 화장법을 교육시키고 관청에서 화장품을 배급하는 정책은 '분대'라는 독특한 화장을 이룬 반면 화장문화 발전에 저해 요인이 되기도 하였다.

이밖에도 손과 얼굴을 부드럽게 하고 희게 하기 위한 화장품으로 보이는 면약이 사용되었으며 염모가 행해졌었다.

서민 남녀는 미혼 시에는 여자는 충라, 남자는 흑승으로 묶고 그 나머지는 뒤로 내려 남녀의 두식이 같았다. 남자는 결혼을 하면 건으로 머리를 싸고 나머지는 뒤로 늘어뜨렸다.

부녀의 머리형태로는 '새앙낭자'가 있었고 '쪽 찐 머리'와 '얹은머리'도 있었을 것이다. 귀부인 사이에는 가체를 널리 사용했으리라 본다. 또한 머리장식에 쓰개 종류인 몽수와 닢을 사용했고 화관과 족두리가 있었다.

⑤ 조선시대의 화장

내외사상의 팽배로 외모보다 내면의 아름다움, 즉 부덕이 강조되었으며 유학적 도덕 관념과 남성 위주의 사회구조 속에서 당시의 남성들은 부인들에게 점잖고 운치 있는 용모를 중요시하였고, 여성들은 그것을 여성미의 기준으로 삼음으로써 표면적인 얼굴 화장이 위축되었다. 또한 경제적 어려움도 화장문화 발달에 측면적 저해 요인으로 작용하였다.

그렇다고 해서 여염집 여인들로부터 화장이 전혀 도외시된 것은 아니었다. 그들은 평

상시에는 화장을 하지 않았으나 손님을 맞을 때나, 나들이할 때는 반드시 화장을 했었다. 그러나 이때의 화장도 자신이 기녀로 오인 받는 것을 우려해 엷게 하였으며, 조선 말엽에는 복숭아 빛 분이 나오면서 여염집 여인들은 흰색 분을 바르는 등 기녀와 차등을 두고자 의식적으로 이것을 바르는 경우가 많았다. 따라서 조선시대의 화장문화는 여염집 부녀자들보다는 기녀나 궁녀와 같은 특수직 여성 중심으로 이루어졌으며, 결혼, 외출의 의식행위로 개념이 바뀌어갔다.

▲ 그림 1-2. 고분벽화에 나타난 여인의 머리형태
(출처: 한국화장형태문화사)

즉, 여염집 여인과 기생을 화장을 이원화하였다.

정철의 시조에 '내양자 남만 못한 줄 나도 잠간 알건마는/연지도 발려 있고 분대도 아니미네/이러고 괴실가 뜯은 전혀 아니 먹노라'고 했는데 이것으로 그 당시 화장형태가 분, 연지, 눈썹먹 등으로 이루어졌음을 알 수 있다.

그러나 당시의 부녀자들은 색조화장보다는 평상시에 기초화장에 주력함으로써 보다 근본적이고 효과적인 화장을 꾀했다. 따라서 조선시대 여인의 화장은 진하지 않았지만 그 어느 시대보다 부드럽고 세련되었다.

이밖에도 피부를 희게 가꾸기 위해 분세수를 하기도 하였다. 분세수란 물에 갠 분을 얼굴에 발랐다가 물로 씻어내는 것을 말하는데, 여성뿐 아니라 남성들도 즐겨했다.

그런데 조선시대 여인들의 화장이 그 시대 남성들의 미적 요구에 부응한다는 의미가 강한 반면, 남성 화장은 자신의 지위나 신분을 상징하려는 목적으로 행해졌다.

개화기 이전의 화장문화는 전통적인 담장과 유사한 바, 맑고, 희고, 깨끗한 피부 위에 안 한듯 분을 바른 형태로서 엷고 점잖은 분위기를 냈기 때문에 색조 화장보다는 기초화장에 가깝다. 자신의 용모를 아름답게 가꾼다는 뜻에서 '화장'이란 단어도 시대에 따라 번전되어 왔음은 물론이다.

시대별로 화장란 용어의 변천을 보면, 삼국시대와 고려시대의 지분(脂紛)이란 화장품을 가리키는 말로 연지와 백분의 줄임말이며 화장품의 대명사이다. 이것과 비슷한 말로 분대가 있는데 이것은 백분과 눈썹먹을 가리킨다.

조선시대에 와서는 장식은 분을 바르고 꾸민다는 뜻이다. 담장은 우아하고 엷은 화장을 나타내고, 염장은 짙은 화장은 요염한 분위기를 풍긴다. 농장은 야용과 함께 사용, 짙은 화장 두터운 화장 말한다. 응장은 농장과 유사하나 더욱 또렷하게 꾸민 상태로 신부 화장에 해당한다.

▲ 그림 1-3. 조선시대 미인도

개화기 이후부터 단장은 분단장 즉, '화장'과 같은 의미로 사용하였고, 칠보단장은 여러 가지 장식을 이용해 꾸미는 것을 말하였다. 화장은 개화기 이후 일본에서 유입된 어휘로서 분, 연지 따위를 발라 얼굴을 곱게 꾸미는 것을 의미한다.

(2) 조선시대 머리형태

① 대수(大首)머리
궁중의식용 가체이다. 왕비나 빈이 대례 시 적의를 입을 때의 머리 장식이다.

○ 용잠
잠두에 용무늬를 조각하거나 용 장식을 부착한 비녀. 주로 왕족이 사용하였으나 사대부 집에서도 혼례 등의 의식 때 큰머리에 꽂았다. 보통비녀보다 길이가 매우 길어 댕기를 양쪽에 감아 앞으로 늘인다. 예장할 때에는 다리를 드린 큰 낭자 쪽에 꽂았으며, 궁중 후궁들은 평시문안에는 시월 초 1일부터 용잠을 꽂고, 조짐머리에는 사월부터 정월까지 도금용잠을 꽂았다.

○ 가란잠

비녀의 머리 부분에 남초의
섬세한 잎맥과 꽃잎을 조각하여
장식한 비녀. 궁중에서 예장 시
사용되었다. 가란화잠이라고도
부른다.

○ 소립봉잠

왕비가 예복 착용 시 대수머
리를 하고 앞머리 중앙 뒤쪽에
양쪽으로 꽂았던 비녀이다. 잠
두에 날개를 편 봉장식을 부착
하였는데, 봉의 머리 부분에는

▲ 그림 1-4. 대수머리

각진 작은 홍파리를, 눈 부분에는 작은 진주를 감입하여 아름다운 봉의 형상을
나타내고 있다. 양쪽 날개 부분에는 2개의 큰 진주를, 꼬리 부분에는 양쪽에 2개
의 진주와 중간에 커다란 홍파리를 각각 감입하여 화려하게 꾸몄다. 동체와 잠두
의 연결 부분에는 홍파리 1개와 청파리 2개를 감입했는데, 홍파리의 바탕은 은파
란이 입혀진 꽃 모양으로 되어 있어 입체감이 있고 아름답다. 선봉장이라고도 부
른다.

○ 봉장

비녀 윗부분에 봉의 형태를 새겨 입체감 있게 장식한 예장용 비녀. 조선시대 왕
비가 예장할 때 어여머리나 낭자에 꽂았으며 은이나 도금하여 만든다. 영조 33년
(1757) 12월에 명부와 사족의 예복에 보석과 용복비녀를 쓰지 못하게 하여 사치
를 억제하였다.

② 어여(於汝)머리

○ 어여머리

크게 땋아 올린 예상용 머리형의 하나. 의식 때 내례복 착용 시 하는 머리형

▲ 그림 1-5. 어여 머리

▲ 그림 1-6. 떠구지

이다. '어임머리'라고도 하며 '어여미', '어유미'의 취음으로 보기도 한다. 궁중의 왕비, 공주, 옹주와 지체 높은 지밀상궁 및 당상관 이상 반가 부녀자들만이 할 수 있었다. 머리 가리마 위에 첩지를 드리우고 다리 여러 개를 두 갈래로 땋아 어염족두리 위에 얹고 비녀와 매개댕기로 고정시킨다. 봉잠을 중앙에, 떨잠을 좌우에 꽂아 호화롭게 장식하기도 한다. 어염족두리는 검정 공단에 솜을 두어 만든 것인데, 어린이 베개를 잘록하게 묶은 것과 같은 형태다.

정조 12년(1788)에 당시 가체의 사치가 너무 심하여 비변사에서 올린 가체신금절목 가운데 "어유미는 바로 명부들이 상시 착용하는 것이므로 인가에서 잔치와 혼례 때에 사용하는 것은 금단하지 마소서." 한 것으로 보아 혼례 때에도 어여머리가 사용되었음을 알 수 있다.

③ 떠구지

궁중에서 비빈들이 큰머리를 틀 때, 머리 위에 얹던 나무로 만든 머리틀, 나무표면을 머리 결처럼 조각하고 검은 칠을 했다. 아랫부분에 비녀를 꽂을 수 있는 2개의 구멍이 뚫려 있고, 자주색 댕기를 맸다. 원래 다리로 큰머리를 만들어 얹었는데, 정조 때에 체계가 금지되면서 나무로 떠구지를 만들게 되었다.

④ 새앙머리

미혼녀들이 하던 머리형태, 사족의 미혼녀가 진현복 차림에 하였고 말기에는 궁중의 애기내인의 머리요양이었다. 다리 한 쌍을 각각 땋아 밑에서부터 말아 올려 머리 뒤에 둥그렇게 놓고 자주댕기를 매는 형식이다. 수방의 생각시들은 2가닥으로 만다. 양반가에서는 정초, 동지, 탄일문안에 입궐할 때 생머리에 석웅황을 매거나 떨잠을 꽂았다.

▲ 그림 1-7. 새앙머리

⑤ 땋은머리

관례를 올리지 않은 처녀 총각의 전통 머리형태. 백제와 신라에서 미혼녀가 머리를 땋아 뒤로 늘였다는 기록이 있다. 머리를 앞이마의 한가운데서 좌우로 가른 다음 양쪽 귀 위에서 귀밑머리를 땋아 뒤로 모으고 세 가닥으로 나눈 뒤에 서로 엇걸어 땋아 하나로 엮어 늘어뜨린다. 조선시대에는 땋은 머리 끝에 댕기를 매었는데 댕기의 빛깔은 처녀는 홍색, 총각은 검정으로 하였다.

▲ 그림 1-8. 땋은머리

⑥ 쪽찐머리

쪽을 찐 머리. 결혼한 부녀의 일반적인 머리다. 이마 중심에서 가르마를 타 양쪽으로 곱게 빗어 뒤로 넘겨 한데 모아 검정 댕기로 묶고 한 가닥으로 땋아 끝에 자주색 조림댕기를 드리고 쪽을 찐 후 비녀로 고정시키는 형태이다. 이러한 쪽찐머리는 삼국시대부터 있었던 머리형태로 고구려의 쪽찐머리는 집안의 각저총 주실의 연에서 찾을 수 있고, 백제에서는『주서』에 "집에 있는 자는 머리 뒤에서 둥글게 묶어 그 하나를 아래로 내려 장식하였고, 결혼한 자는 나누어 두 가닥을 내렸다."라고 하였고, 신라에서도『동경지』에 "여자는 뒤에서 미리를 묶었는데, 북계라고 하는 것으로 지금도 그러하다."고 한 것을 보면 삼국에서 일반적인 형태였던 것임을 알 수 있다. 이것이 고려시대를 거쳐 조선시대까지 이어지며, 영조 33년(1757)에

▲ 그림 1-9. 쪽찐머리

"지금부터 체계는 고쳐 후계(쪽찐머리)로 하되 궁중양식대로 부착하도록 하라."
하여 쪽찐머리를 권장하고 있다.

⑦ 얹은머리

▲ 그림 1-10. 얹은머리

머리를 뒤에서부터 땋아 앞 정수리에 둥글게 고정시킨 머리. 쪽찐머리와 같이 혼인한 부녀자의 대표적인 머리로 상대 사회부터 내려온 머리이다. 고구려 무용총 주실 동벽에 식상을 받드는 여인이 얹은머리를 하고 있다. 신라의 부녀머리에 대하여는 『북사』에 "부녀들은 머리를 위로 끌어올리고 여러 가지 비단이나 구슬로 장식했다."고 했고, 백제의 부녀 머리에 대하여는 역시 『북사』에 "결혼한 사람은 머리를 두 갈래로 나누었다."고 한 것 등을 보면 고구려 백제 신라에서 같은 형태의 얹은머리가 존재했음을 알 수 있다.

이 머리는 조선시대까지 그대로 시행되어 왔는데 조선시대 중엽에 가체를 더하여 높고 크게 만드는 것이 유해하게 되자 머리의 사치가 심해지고 폐단 또한 많았으므로 정조 12년(1788)에는 가체를 금하고 제 머리만을 쪽을 찌고 족두리로 대신하라는 강력한 금령이 내려졌다. 그 뒤 얹은머리 풍습은 점차 사라지게 되었다.

⑧ 첩지머리

▲ 그림 1-11. 첩지머리

예장 시 가리마 위에 첩지를 놓고 좌우에 머리를 늘여서 꾸미는 것으로 계급에 따라 재료와 무늬가 달라 왕비용은 도금한 봉첩지를, 상궁은 개구리첩지를 사용하였다. 궁중에서는 항상 하였고 백관부인은 궁중의 연회에 참여할 때나 예장을 갖출 때만 하였다. 첩지 위에 족두리와 화관을 쓸 때에는 관을 고정하는 역할을 하였다.

(3) 장신구

① 전모

부녀자들이 외출할 때나 말을 탈 때 쓰던 모자의
하나. 대 테두리에 14~16개의 살을 대어 기본 형태
를 만들고, 여기에 한지를 발라 만들었다. 표면 가장
자리에는 나비와 꽃무늬, 수ㆍ복ㆍ부ㆍ귀 등의 글자
를 장식하였다. 안에는 쓰기에 편하도록 머리를 맞춘
테가 있으며, 그 머리를 맞춘 테 양쪽에 색깔이 다른
끈을 달아 턱밑에서 매면 얼굴이 보이지 않게 된다.

▲ 그림 1-12. 전모

② 화관

부녀자들이 예복에 갖
추어 쓰는 관모의 하나로
관모라기보다는 장식품으
로서의 가치를 지니고 있
다. 화관을 처음 사용하
기 시작한 것은 신라문무
왕 때부터였으나, 족두리
와 마찬가지로 영조 때 가

▲ 그림 1-13. 화관

체금지령에서 대신하게 함으로써 일반화되었다. 통일신라시대에는 궁중양식이
되어 궁중의 내연에서 기녀나 동기 무녀 여령들이 썼으며 그 모양은 약간씩 달랐
다. 관에는 오색구슬로 찬란하게 꽃 모양을 둘렀고 떨나비를 달았다. 이것이 고
려에 전승되어 귀족이나 양반계급 부녀들의 예복에 쓰는 관모가 되었다. 조선시
대에 와서는 활옷과 같이 국속화되었고 그 형태가 작아져 관모라기보다는 머리
장식이 되었다. 족두리와 병행되어 오다가

정조 12년(1788) 10월 가체의 사치로 밀미암아 족두리에 칠보장식이 금지되고
발제개혁과 더불어 족두리와 화관 착용을 권장하게 되자 서민들도 혼례 때에는
둘러 달기도 하고 칠보로 꾸몄다. 조선 말엽에 와서는 정장할 때 화관을 사용하
였는데, 대개 활옷이나 당의를 입을 때 썼다.

③ 아얌

▲ 그림 1-14. 아얌

ⓐ 부녀자들이 겨울 나들이 할 때 쓰던 방한모의 하나. 양반층에서는 방한용으로, 일반 평민층에서는 장식용으로 사용하였다. 윗부분을 둥글게 파서 공간을 두고 앞에 술을 달았다. 이마 둘레의 검은 단에는 모피를 대고 뒤에는 흑색 자색 등의 넓은 비단으로 드림을 길게 달아 늘였다. 드림은 대개 길이 100cm, 너비 20cm 정도의 자색, 흑색의 사나단에 홍색 창호지로 된 안을 넣어 만드는데, 밀화 또는 금판으로 만든 매미를 군데군데 달아 장식하였다. 앞이마와 뒤에는 검정 혹은 자주색 구슬이나 산호주를 끈에 꿰고 끝에 술을 단 장식을 드리웠다. 조선초기부터 이엄과 혼용되어 쓰이고 있다.

ⓑ 쪽을 찌고 그 위에 아얌을 쓴 모습이 단정하다. 외출할 때는 아얌을 반드시 착용하는 것이 예의였다. 초기에는 남녀 구별 없이 착용하다가 후대에 와서 여성 전용이 되었으며, 조선말기 조바위가 등장하면서 차츰 사라지기 시작하였다.

④ 꾸민 족두리

궁중이나 사대부가의 여인들이 예식 때 사용하던 관모의 일종. 검정색 비단 여러 조각을 이어 속에 솜을 두고 몸체를 만들며 아래는 둥글고 위는 여섯 모로 되어 있다. 여러 가지 장식을 하여 꾸미는데 옥판 위에 산호, 비취, 진주 등의 보석을 꿰어 단다. 조선시대 영조 때 가체금지령이 내려져 가체로 수식을 못하게 되자 널리 유행하게 되었다.

▲ 그림 1-15. 꾸민 족두리

⑤ 조바위

부녀 방한모의 하나. 조선말기 양
반층에서 서민에 이르기까지 널리
사용되었다. 윗부분은 트고 뒤는 낭
자머리가 보이게 둥글게 팠다. 제물
볼끼가 있어 귀와 뺨을 가린다. 겉감
은 흑색이나 자색의 사나단, 안감은
남색, 자색, 흑색 등의 단이나 주,
면으로 만든다. 수복강년, 부귀다남

▲ 그림 1-16. 조바위

등의 문자와 꽃무늬를 수놓고 산호구슬을 금사 또는 수를 늘어뜨려 장식한다.

⑥ 댕기

땋은 머리끝에 드리는 장식용
끈. 『북사』 열전에 "백제의 처녀
는 머리를 땋아 늘어뜨리고, 부
인은 두 갈래로 나누어 머리 위
에 얹었다."고 하며, 신라에서는
"부인들이 머리를 머리 위에 두
르고 비단과 진주 등으로 장식했
다."고 했다. 고구려 고분벽화에
서도 끈으로 장식한 모습이 보여
고구려, 백제, 신라 삼국이 모두
댕기를 사용했음을 알 수 있다.
『고려도경』을 보면 미혼녀들이
머리를 묶고 홍라, 강라 등 붉은
댕기를 사용하였고, 남자는 검은
비단으로 만든 짧은 댕기를 달았
다는 기록이 있다. 고려 후기에

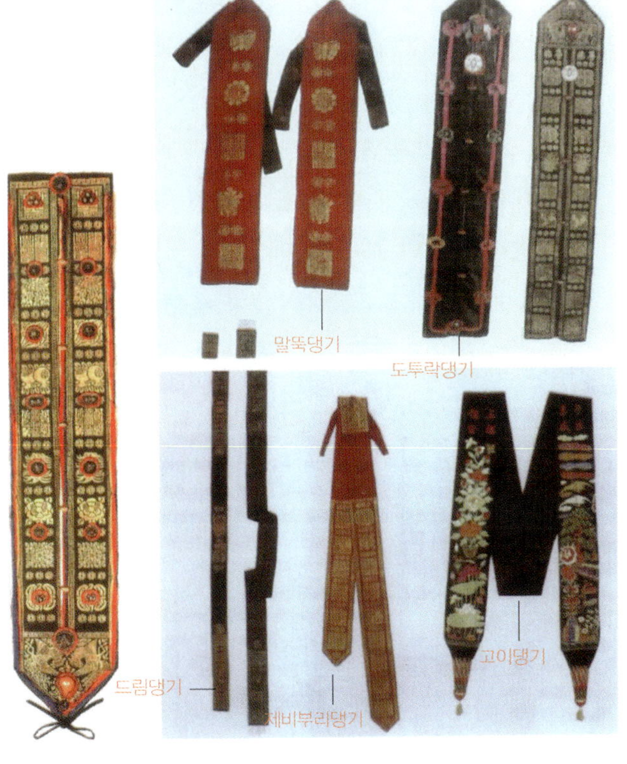

▲ 그림 1-17. 댕기

는 변발이 일반화되어 댕기는 필수품이 되었다. 조선시대에도 중요한 머리 장식
품으로 사용되었는데 1895년 단발령이 내린 뒤 차차 없어졌다.

○ 말뚝댕기

후기의 어린이용 댕기, 어린이는 뒷머리가 길지 않기 때문에 댕기 위에 조그만 끈을 달아 뒤통수 밑에서 바짝 달았다. 붉은색 댕기 전면에 나비, 꽃, 쌍동자, 불로초, 족자, 쌍화문 등을 금박하였다. 긴 댕기를 반으로 접어 두 겹이 되게 하고, 4겹으로 접혀진 맨 윗부분 중앙에 끈을 달아 머리에 맨다. 말뚝댕기는 도투락댕기의 시기를 지나 제비부리댕기를 드리기 전에 사용하였다. 이밖에 어린이용 댕기는 종종머리에 뱃시를 붙인 댕기를 매기도 하였다. 보통 길이 63~330cm, 폭 5~9cm 정도이다.

○ 도투락댕기

예장용 댕기의 하나. 조선시대부터 사용된 것으로 원삼이나 활옷, 혼례복을 입고 족두리나 화관을 쓰고, 쪽 뒤에 길게 늘인다. 다홍색 검정색 등의 사나단으로 만든다. 180cm 길이에 10~12cm 나비의 크기로 만들어 중앙을 제비부리로 접어 두 가닥이 되게 한다. 겉은 위의 뾰족한 부분에서 횡선이 진 곳까지 중앙선을 공그르고, 안쪽 횡성 중앙에 두 가닥의 끈을 달아 쪽에 돌려 댕기를 고정시킨다. 겉에는 금박을 하고 댕기 위쪽에 석웅황이나 옥판을 달고 밀화칠보 등의 장식을 중앙선에 달면 좌우가 연결된다. 길이는 치마길이보다 약간 짧다.

어린이용 댕기. 장식용의 도투락댕기와 같은 것을 어린이용으로 만든 것. 어린이는 뒷머리가 짧으므로 댕기 위에는 조그만 깃을 달아 뒤통수 귀밑머리 밑에서 바짝 달아주게 되어 있다.

○ 드림댕기

예장용 댕기의 하나. 혼례복에서는 뒷댕기인 도투락댕기와 짝을 이루는 앞댕기로, 다른 예복에서는 뒷댕기 없이 이 앞댕기인 드림댕기만을 하였다. 너비 5cm 내외의 검은 자주색 천에 금박하였으며 갈라진 양끝에는 자주 산호주 등을 장식하였다. 큰비녀 양쪽 여유분에 적당한 길이로 맞추어 감아 양어깨 위에 드리운다.

○ 제비부리댕기

끝을 제비부리처럼 접어 만든 댕기. 처녀의 땋은 머리에 드리거나 총각이 사용하였다. 처녀는 홍색, 총각은 검정색 비단으로 만드는데, 연령에 따라 크기를 다

르게 하며, 총각용은 아무런 장식이 없
는 반면에 처녀용 댕기는 수, 복 등의 글
자를 금박하거나 댕기 위쪽에 옥판이나
옥, 칠보 등의 나비를 붙이기도 한다.

○ 고이댕기

혼례 때 신부가 사용하던 댕기. 비단
바탕의 두 가닥 댕기에 오른쪽 가닥은 모
란꽃 3송이, 왼쪽 가닥은 십장생 문양을
수놓고 댕기의 끝부분을 둥글게 말아 능
형문양을 화려하게 수놓고 양끝은 진주
꾸러미를 꿰매 붙였다. 서북지방에서는

▲그림 1-18. 비녀와 댕기

큰 비녀 꽂은 오른편에 두 가닥을 한두 번 감아 앞으로 늘어뜨렸으며 색깔은 홍
색과 적색이 있다. 다른 댕기에 비하여 길이가 상당히 길다.

○ 앞댕기

혼례 때 쪽찐머리에 낀 큰(긴)비녀의 좌우 끝에 말아 앞으로 늘어뜨리는 댕기이
다. 큰댕기와 같은 감, 같은 색으로 하며, 무늬도 큰댕기와 같은 계통으로 한다.

⑦ 비녀

비녀에는 두 가지 종류가 있다. 잠과 채가 그것이다. 잠은 길쭉한 몸체에 원봉
형의 비녀머리가 있는 것이고, 채는 ∩형 몸체 윗부분에 장식이 달린 것이다. 고
대의 한국인은 남녀 불문하고 긴 머리카락을 호상하여 머리카락을 고정시키기
위해 얹은머리와 쪽찐머리가 모두 필요하였다. 비녀에 장식이 가하여져 그 재질
과 모양이 다채로웠다.

○ 큰비녀

신부의 쪽머리에 꽂는다. 길이가 긴 것으로 보통 봉장을 사용한다. 긴 부분과
머리 부분으로 나누며, 머리 부분은 낭자(쪽)에서 비녀가 빠지지 않게 해주고 장
식의 효과도 있다.

⑧ 떨잠

머리에 꽂는 수식품의 하나. 왕비 이하 상궁들이 예복을 입고 큰머리나 어여머리를 할 때 좌우에 꽂았다. 앞머리 중앙에 꽂은 것을 선봉잠이라 하고, 양편에 꽂은 것을 떨잠이라 했다. 떨잠은 금사로 가늘게 용수철을 만들고 그 위에 꽃이나 새 모양과 여러 보석들을 만들어 붙인 것인데, 이것은 움직임에 따라 떨게 되어 있어 화려함을 더한다. 둥근형, 네모형, 나비형 등의 여러 가지 모양이 있으며, 옥판에 칠보, 진주, 산호, 청강석 등으로 장식하고 끝에는 떨새를 달았다.

2) 사회 · 문화적 배경과 화장품 산업 발달

(1) 해방 전(1900~1945)

① 사회 · 문화적 배경

○ 여성에 관련된 교육의 확대. 경제 · 산업의 발달

한국 화장 문화 발전과정을 이해하기 위해서 당시의 사회 · 문화적 배경과 화장품 산업 발달의 시대구분을 한국의 해방 전, 근대화 이전, 고도 성장기 등 한국사회의 큰 전환기를 중심으로 세 시기로 나누어서 고찰하였다.

화장은 사회문화를 반영하는 거울로서 문화적으로 규정되어진 미의 변천에 따라 다양한 사회문화를 반영하는 머리형태나 복식의 발전과 밀접한 관계를 유지하며 피부보호와 심리적, 장식적 기능을 수행하고 있다. 각 문화권에서 오랜 세월 동안 발달해 온 화장 문화는 그 시대의 가치관과 각 민족 특유의 피부색의 차이에 따라 차이가 있었기 때문에 민족과 시대에 따라 달랐다. 그러나 20세기 들어 교육, 기술, 통신의 발달로 인해 각 문화권의 교류로 아름다움의 기준이 보편화됨에 따라 오늘날은 세계 여러 곳에서 유사한 화장 문화와 화장 기법이 보편화되어 있으며, 다국적 화장품 산업의 발달로 화장과 화장 욕구까지 비슷해지고 있다.

한국 전통 화장 문화 위에 서양 화장 문화가 들어와 접목되었다고 할 수 있는 우리나라의 화장 문화는 서양 화장이 한국이라는 환경 속에서 수용, 변천되어 왔다고 할 수 있다. 수천 년을 지속하여 온 우리 여성의 고유 화장은 조선시대 말 서양과의 문화적 접촉이 시작된 이래 변화의 양상을 나타내기 시작하였다. 특히 우리나라의 20세기 초기 화장 문화는 무엇보다도 화장 행위의 주체인 여성에 관련된 교육의 확대와 그에 따른 여성의 사회적 진출, 시대적 가치인식의 변화, 경제·산업의 발달과 밀접한 관계가 있다. 특히 경제개발이 이루어진 60년대 이후의 화장을 포함한 패션과 화장의 변천은 이에 관련된 제반 산업과 서양 문물을 전파하는 대중매체의 성장과 보급으로 큰 영향을 받았다고 할 수 있다.

개화기에 와서 공식적인 교육기관을 통하여 근대적 교육을 받은 여성의 수가 점차 증가함에 따라 여성들에 의한 근대 여성운동은 더욱 활성화되어 갔다. 특히 개화기의 각 여성단체들이 여성교육 운동을 전개하여 교육기관이 증가하고, 또한 교육받은 여성들이 증가함에 따라 여성들의 개화는 더욱 촉진되어 갔다고 볼 수 있다. 즉 여성 단체의 여성교육 운동과 근대교육을 받은 여성 수의 증가는 서로 상승작용을 일으키며 여성 개화를 전개시켜 나갔던 것이다.

또한 여성에 대한 근대교육의 실시는 여성의 가치관 변화에 커다란 역할을 하였다.

○ 신여성의 출현

일제의 식민지정책 가운데서도 여성교육의 기회는 더욱 확대되어 정규학교 외에도 각종 강습회, 야학, 교회활동 등을 통해 문자교육뿐 아니라, 민족의식을 고취시키게 되었다. 여성의 전문교육기관도 확대뇌는데, 이화학당은 1925년 이화여자전문학교로 발전하고, 1922년에 중앙보육, 1926년에 경성보육, 1928년에 이화보육, 소선여사의학선문학교 등 어

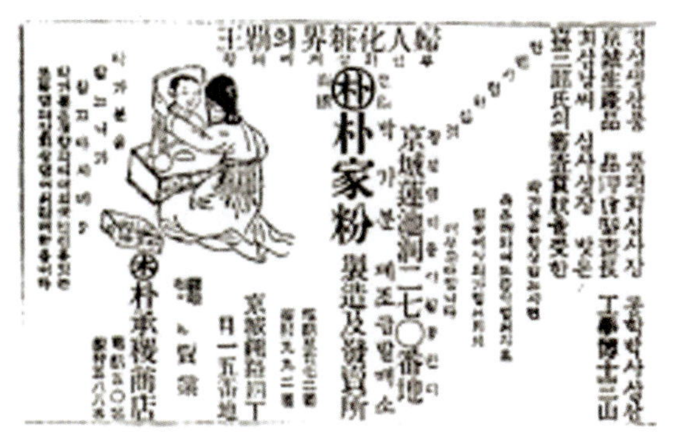

▲ 그림 1-20. 박가분(1922.2.17. 동아일보)

성의 전문교육기관이 창립되었다(유수경, 1991).

한말 이후 계몽주의적 사회사상의 결과로 여성교육에 대한 일반의 인식이 호전되어 감에 따라 광범위한 사회계층의 여성들이 신교육을 받게 되었다. 여성의 전문교육기관이 창립되고 여자 해외유학생이 급증하는 등 1920년대 여성교육의 광범하고 다양한 확대는 '신여성'이라는 새로운 여성상을 배출하였다. 한국여성들에게 있어서 신교육의 경험은 단순히 새로운 지식 습득의 계기만이 되었던 것이 아니었으며, 이들은 남녀평등을 강조하는 서양의 사상을 본격적으로 접함으로써 새로이 여성 자신의 지위 및 역할에 눈을 뜨게 해 주었다.

그러나 봉건적인 가족제도, 습관, 도덕, 인습의 타파에 대한 지식인 여성들의 사회적 발언과 주장이 여성의 지위를 일반적으로 확립시키지는 못했다 할지라도 여성의 자아의식과 각성을 촉구하는 데 상당한 역할을 수행했다고 볼 수 있다(유수경, 1991).

② 화장품 산업 발달

우리나라에서도 화장품을 언제부터 사용했는지 정확한 기록이 발견되지 않으나 다만 화장품이 공산품으로 공식 인정되어 효시를 이룬 것은 1919년 박가분이 생산되면서부터라는 견해가 지배적이다.

그러나 당시의 화장품은 최초의 상품이라는 점에서 그 가치가 충분히 있었으나 이에 비례하여 피부에 납중독을 일으키는 부작용도 뒤따라 기술개발 수준이 매우 미흡했음을 보여 준다. 이러한 과정을 거쳐 일제 강점기에 서양의 문물이 들어오면서 여인들이 화장형태를 하게 되어 일부 화장품을 제조하는 회사가 설립됐으나 이때까지만 해도 그 수준은 매우 미미했다.

박가분의 주성분은 물론 연분이었는데, 이 납 성분이 부작용을 일으켜 결국은 종말을 고하고 말았지만 박가분을 만들면서 관의 정식 등록을 받아 내용물이나 포장을 개선하고 기업화하는 반면 상호와 상표를 등록했다는 사실과 국산 화장품으로는 처음으로 신문광고를 했다는 점들이 우리 화장품 공업 발전에 초석을 이루었음을 평가해야 할 것이다.

1) 제품생산

화장품 생산은 백분 생산으로 색조 화장품에서 기초 화장품, 두발 화장품 순으

로 점차 확대되어 갔다.

1945년 8월 15일 대한민국 정부가 수립됨에 따라 조선화장품협회는 명칭을 대한화장품협회로 개정하였다. 광복 이후 천애사의 나나화장품, 태평양화학의 피카몬드화장품, 광명화장품의 송옥 외에 나리스화장품, 피카소크림 등 여러 가지 화장품 제조회사가 등장했고 이 중에서도 동보화장품의 동보구리무는 매우 인기가 있어 공급이 수요를 감당하지 못하였다. 이처럼 동보의 제품이 판매가 잘 되었던 이유는 우리보다 선진 기술로 생산하는 일본에서 오랫동안 직접 화장품을 생산했었고 제품은 일제 말기에 국내뿐 아니라 일본, 만주, 대만 등 해외에까지 진출했기 때문이었다.이러한 이유 때문에 해방 후 다른 국내업자들의 추종을 허용하지 않았다.동보구리무는 6·25사변이 일어나기까지 매우 판매가 잘 되어서 서울의 각 일간신문에 5단 전행으로 연일 대대적인 광고를 할 만큼 전 장업계를 휩쓸었다(한국장업 50년사, 1991).

당시 이들이 생산한 화장품으로는 포마드, 크림, 로션, 백분 등이었고 1950년대 말경에는 염모제, 파마액 등도 제조 판매되었다. 또한 여성용 정발료인 머릿기름(향유)도 생산되었다.

조선장업인들이 만든 화장품은 분매형식의 판매와 방문판매를 했다. 분매와 방문판매 방식은 오늘날의 방문판매의 전신이었다(김덕록, 1998).

2) 유통과정

○ 분매

화장품은 덜어 파는 분매가 화장품 유통의 근간을 이루었는데 이러한 판매형태는 모두가 물자가 귀했었던 당시인지라 자연발생적으로 생겨난 판매방식이라고도 말할 수 있다. 분매는 제조업자가 공장에 앉아서 파는 경우도 있었고, 방물장수를 통해 돌아다니면서 파는 방법도 있었으며, 백화점이나 잡화상에 내어놓고 손님에게 덜어서 파는 경우 등 여러 방식이었다. 값비싼 화장품을 사기 힘든 소비자 입장에서도 신식 화장품을 필요한 양만큼 값싸게 구입할 수 있다는 장점에서 분매는 편리한 판매방식이었다. 분매가 발전하여 오늘날 방문판매 제도의 시초가 되기도 했지만 이 같은 방식의 판매방법은 조선조 때 있었던 매분구보다는 상당히 발전된 판매방법이라고 말할 수 있다.

　분매는 상점(잡화상)이나 백화점 또는 손수레에 여러 화장품과 용기를 따로 따로 갖추고 손님이 마음에 맞는 화장품과 병을 고른 후에 용기에 떠 넣어 파는 식의 판매방법도 있었다.

(2) 근대화 이전(1945~1970)

① 사회 · 문화적 배경

○ 교육기관의 확대, 경제개발계획추진, 메스컴의 발달

　1945년 한국에서의 근대 정치 역사가 시작된 이래로 8 · 15해방과 6 · 25전쟁을 거치면서 우리나라는 극단적으로 신분적이고 차별적인 사회제도를 깨뜨리고 보다 자유롭고 평등한 민주적인 제도를 마련하기 시작하였다. 민주적이고도 평등한 사회의식은 교육과 대중매체를 통해 더욱 가속화되어 갔으며, 신분서열과 차별을 특징으로 하는 전통적인 사회제도를 변화시키고 자유와 평등을 특징으로 하는 새 사회질서를 마련해 가는 데 결정적인 기반을 구축하였다(김대환, 1985).

　미군정을 거쳐 대한민국 정부가 수립되고 미국과의 접촉이 본격화되면서 우리 정부는 미국의 정치, 경제, 교육 등의 제도를 도입하기 시작하였다. 해방 이후 우리나라 교육 또한 36년간에 걸친 일제 식민지 교육의 체제를 탈피하고 새로운 사회 · 문화적 배경 속에서 미국의 영향을 받아 교육기회의 평등화를 위해 노력하였다. 이러한 노력은 1947년 한국 교육사상 처음으로 부분적인 남녀공학제가 실시되었고, 1953년 초등교육의 의무교육 제도가 실시되었다.

　1950년대 이후 일반사회의 대학관도 크게 변화하여 대학이 소수 엘리트 양성기관으로부터 남녀차이를 넘어 능력을 가진 국민 모두에게 개방되는 다수의 국민교육기관으로 변모되어 갔다. 이와 같은 교육산업의 발달은 여성의 사회 진출을 촉진시켰고 유교적 도덕관에 의해 가정생활에 필요한 교육만을 받아오며 규방에 갇혀 살던 여성들에게 사회 · 경제적 활동의 폭을 넓혀 주었다. 이러한 여성의 의식 변화는 활동에 편한 의복의 개량과 화장 등의 변화를 가져오는 중요한 역할을 하였다.

　1960년대는 문화의 주체성 확립과 경제개발계획 추진으로 1950년대의 대외 의존 경제체제로부터 탈피하여 산업구조 근대화와 자립경제의 기반을 다질 수 있었다. 1962년 이후 2차(1962~1971)에 걸친 '경제 개발 5개년 계획'의 추진에 따라 공업화 기반이 조성되었고 생활수준이 향상되면서 국민 문화수준의 지표가 되는 전기, 전화, 신문, 텔레비전 및 전기기구의 보급이 확산되었다.

성장 단계의 사회에서 매스컴(mass communication)의 기능은 국민들을 변화의 과정에 적응시키고 변화에 대응할 수 있도록 하며, 이는 전통사회에서 근대사회로 전환되는 과정에서 인간의 시야를 넓혀주는 역할을 하였다(박길순, 1991). 특히 60년대 중반부터는 여성들이 유행에 많은 관심을 보이기 시작하면서 신문, 잡지, 텔레비전을 통해 유행이 전파되었다.

우리나라의 근대화는 1962년에 실시된 경제개발 5개년 계획부터 시작되었다고 할 수 있다. 60년대와 70년대의 산업화와 급격한 경제성장은 그에 따른 사회변화로 가치관을 변화하게 하였다. 동시에 TV와 잡지의 보급과 더불어 패션도 새로운 생활의 표현으로서 하나의 사회적인 문화로 정착하기 시작하였다.

② 화장품 산업 발달

1) 제품생산

ㅇ 색조화장품시장확대

8·15광복과 6·25전쟁을 거치는 동안에 불어 닥친 서양풍으로 인하여 외제 선호가 대단하였는데 특히 화장품이 더욱 그러하였다.

1950년대는 남성들이 포마드를 머리에 발라 단정히 빗어 넘기는 머리형태가 여전히 유행하고 있어서 포마드의 수요는 8·15광복 직후나 다름이 없었으며 여성용 화장품의 소비량을 능가하고 있었다. 태평양 화학에서 1954년에 생산된 품목을 보면 ABC 포마드를 비롯하여 바니싱크림, 물분, 머릿기름 등이었다(이능희, 1995).

1950년대 후반부터 정부가 안정되고 미국의 CIA 원조 자금이 들어옴에 따라 순수 원료가 수입되고 시설도 개선되기 시작했다. 또 일반가정에서도 생활이 안정되어 감에 따라 화장품도 지금까지의 피부 기초화장품 중심에서 각종 유성, 건성 파운데이션을 비롯하여 립스틱, 콤팩트, 네일락카 등 화장형태류 제품을 연구 개발하기에 관심을 기울이기 시작했다. 염모제와 파마약이 나온 것도 이때이다(한국장업 50년사, 1998).

50년 말에 염모제, 파마약, 머릿기름도 제조, 판매되었으나 제조시설은 매우 취약한 상태였으며 그나마 6·25전쟁 과정에서 시설이 파괴되고 외제화장품의 밀수가 성행함에 따라 국산화장품은 다시 침체기로 빠져든다.

1960년에는 색조 화장형태를 사치로 여기고 또 색조 화장형태란 직업여성들이나 하는 것이라고 생각하는 인식을 바꾸어야 했다. 대다수의 일반여성들이 기꺼이 색조 화장형태에 동참할 수 있도록 우리나라 여성들의 얼굴에 잘 맞고 또 세계의 유행조류도 잘 반영하는 화장 유형을 창안하여 보급시키기 위해 태평양화장품은 1960년 말부터 색조 화장형태에 대한 거부감을 불식시키는 운동을 대대적으로 전개했다(이능희, 1995).

1962년부터 아이섀도, 파운데이션, 매니큐어, 마스카라 등이 본격적으로 개발되기 시작하였다. 태평양화학에서 개발하여 출하한 오스카 네일락카라는 매니큐어는 품질 면에서 외래품에 비해 손색이 없었기 때문에 소비자로부터 큰 호응을 받으면서 부분 화장품의 시장도입에 선구자적 역할을 하였다. 이 시기에 유통되던 특수 화장품으로는 피부 표백제, 연모제 등이 있었고, 이 중에서 특이할 만한 것은 표백제였다. 주로 원료는 백광염으로서 이를 밀랍이나 광물질류에 기계적으로 분산시켜 만든 제품으로 기미, 주근깨 제거에 효과가 있었으며 수요층도 꽤 많은 인기 품목이었다.

1963년을 전후해서 외국의 정기 간행물이나 국내 주재 외국의 정기간행물이나 국내주재 외국상사들을 통해서 화장품 관계의 많은 정보들이 국내에 입수되었다.

2) 화장품 산업의 육성책

○ 외제품판매금지법시행

1961년 5·16군사혁명과 함께 들어선 군사정부는 1962년 제1차 경제개발 5개년 계획 중 화장품산업 육성책을 포함시켜 특정 외제품 판매금지법을 발효하여 국내에서 손쉽게 판매되던 외제화장품의 판매를 금지시키는 등의 시책을 폈다.

5·16 이후 시기는 대량생산과 대량판매 체제를 구축한 시기로 국내 화장품 산업이 본격적으로 발전하기 시작한 시기이다.

1960년 이후 미에 대한 여성들의 관심이 점점 높아지고 기업은 나름대로 품질 향상을 추구하면서 제조 기술을 상당한 수준까지 끌어올려 유화와 가용화 기술에 혁신적인 발전을 가져왔다. 이 시기의 제품 유형으로는 크림과 분백분 그리고 부분 화장품(메이크업 제품)이 등장했다. 부분 화장품으로 처음 사용된 것은 입술연지이고, 또 1962년부터는 아이섀도, 파운데이션, 매니큐어, 마스카라 등도 선보임으로써 make up 제품이 본격적으로 개발되기 시작했다. 그 외에 특수화장품으로 파마액, 피부 표백제, 염모제 등이 출하되었고, 남성화장품으로는 유일한 포마드 시장에 단학포마드가 등장, 포마드 시장의 치열한 접전이 일어나며 화장품 시장이 더욱 활기를 띠었다.

한편 1965년을 전후하여 외국으로부터 화장품 관계 정보가 유입되어 새로운 원료의 개발과 화장품 개발을 촉진시키는 계기가 되었다.

수량적인 확장뿐만 아니라 새로운 유형의 제품이 개발되었다. 주 생산품목은 콤팩트류, 헤어리퀴드류, 샴푸, 린스류, 인삼화장품, 고액형 염모제가 대표적 제품이다.

1961년 특정 외래품 판매금지법이 시행됨으로써 이제는 외제품을 밀수하는 것뿐만 아니라 파는 것도 법에 의해 처벌받게 되었는데 이로 인해 국산화장품에 대한 수요는 급격히 팽창하였다. 이처럼 외제품의 판매금지법의 영향으로 외래품이 시장에서 자취를 감추어 가자 이번에는 많은 업체가 화장품업에 진출하여, 60여 개에 지나지 않던 화장품 제조회사가 100여 개를 넘게 되었다. 이처럼 경쟁이 점차 치열해짐에 따라 업체들은 현대식 생산시설 건립과 안정된 판매 경로를 구축하는 데 온 힘을 기울이게 되었다.

3) 화장품 유통과정

○ 방문판매제도 확립

우리나라에서는 광복 후 얼마 동안은 자본주의 발전의 초기단계, 곧 초기 상업자본이 형성되는 시기였다고 할 수 있다. 그러나 이 상업자본도 국내범위에서 생필품 거래로 형성된 소규모 자본에 지나지 않을 뿐이어서 제대로 된 상업자본이 형성되기에는 아직 이른 시기였다. 이는 화장품 산업에서도 마찬가지였다. 즉 제조업체의 자본력은 보잘것없는 상태였고 오히려 도매상들의 상업자본이 위력을 발휘하고 있었다. 따라서 당시는 제조업체의 독자적인 유통 경로는 말할 것도 없고 화장품만을 전문으로 취급하는 도매상이나 소매상도 없는 실정이었다.

1950년대 후반부터는 화장품 판매 비율이 90%까지 될 정도로 화장품 위주의 도매상으로 차츰 바뀌었다.

박정희 대통령의 경제개발 우위정책은 한국 경제의 고도성장으로 국민 생활수준을 향상시켰으며 화장품 산업도 문화 면에서 괄목할 만한 발전을 이룩하게 하였다. 특히 이 방문 판매제도의 도입은 화장 인구의 확대와 화장품 수요의 증대에 큰 몫을 하였다.

화장품 유통에 방문판매가 최초로 도입된 것은 1962년으로 당시 쥬리아 화장품이 방판을 시작해 급성장세를 보이자 태평양을 비롯한 한국화장품, 피어리스 등이 방판조직을 갖추면서 시작되었다. 60년대 중반에 접어들면서 방문판매는 급속한 확대 추세를 보여 80년대 초반에는 전체 화장품 유통의 80% 이상을 차지하는 등 약 20여 년간 황금기를 구가했다(한국장업 50년사, 1998).

방문판매가 국내 화장품 유통의 절대적 위치를 접할 수 있었던 것은 몇 가지 장점들 때문이다. 첫째, 방문판매는 판매원들에 대한 성과급 시행과 소비자의 잠재 욕구 유발기회를 부여했다는 점이다. 둘째 방문판매는 화장품을 판매하는 데만 그치지 않고 화장 상담과 지도 등의 화장서비스 제공과 할부구매가 가능하다는 것이다. 그러나 방문판매의 이 같은 외상할부 판매는 결국 도매상을 통한 할인코너 판매보다 제품 가격이 상대적으로 비싸다는 약점으로 급격한 감소 추세를 보였다. 이와 함께 여성들의 사회적 지위 향상과 사회 진출의 증가로 인한 재택률의 감소와 판매원 확보의 난점 등이 방문판매를 위축시켰다.

특히 70년대 후반 방문판매를 대체한 할인코너의 등장은 절대적인 영향을 미쳤다. 이 할인코너는 방문판매를 위축시키면서 80년대에 이르러서는 10여 년 만에 전체 유통경로의 70% 가량을 점유하게 됐다. 가장 큰 메리트는 정찰가격으로 구매할 수밖에 없었던 방문판매보다 약 30~50%에 이르는 가격 할인에 있었다. 또 매장을 직접 방문할 수 있는 접근기회의 증가로 인한 제품선택의 폭이 향상됐다는 점과 제조업체의 전문점에 대한 지원이 대폭 강화됨에 따라 활성화됐다. 이와 함께 고객서비스 개념을 도입해 전문 점주들의 화장교육과 제품에 대한 교육을 실시한 점도 중요한 요인으로 작용했다.

(3) 고도 성장기(1970~1998)

① 사회 · 문화적 배경

1960년대 이후 지금까지 진행된 산업화에 따른 사회 · 문화적인 주된 배경요인으로는 국민 소득수준의 향상, 가치관의 변화, 인구이동의 증가, 가족구조의 변화, 여성교육 수준의 향상과 사회진출 증대 등을 생각할 수 있다.

1972년 박정희 대통령에 의해 단행된 10월 유신으로 인한 정치적 변혁으로 사회는 경직되었고, 이러한 유신시대의 강권정치 현실 속에서 패션 의식은 위축되었다. 따라서 TV 방송에서는 패션 중계가 허용되지 않았고 호텔이나 공공장소를 빌려 열어야 할 패션쇼가 제한을 받게 되어 원활한 패션 발전은 기대할 수 없게 되었다. 그러나 정부는 1973년 하반기에 들어서 사회 분위기를 다소 부드럽게 한다는 의도로 패션쇼 등을 제한적으로 허용하였지만 바탕에 깔고 있는 패션에 대한 정부의 시각은 아직도 부정적이었다. 장발의 청소년들은 거리에서 삭발을 당하고 미니스커트를 입은 여자들은 경범죄로 처벌되었다. 이렇듯 강력한 정부의 통치력에도 불구하고 1970년대 후반 더욱 거세어진 반정부 운동은 필연적인 정권 말기 현상을 겪은 끝에 1979년 10 · 26사태를 맞이하게 되었다.

1970년대의 경제성장은 양적인 규모의 확대는 물론 질적인 고도화가 추진되었으며, 전반적인 경제발전은 내수 산업의 육성보다도 국제경쟁력을 강화하기 위해서 수출 위주의 정책을 실행하였다. 세계적으로는 두 차례의 석유 파동과 각국의 보호무역주의 등이 70년대 말부터 경기후퇴를 갖고 와 경제규모상 양적인 성장 위주의 한계성이 나타나 질적인 경제 성장으로 제품 생산에서 고부가 가치성을 높이는 데 주력하였다.

1970년대의 젊은이들은 기성사회에 대한 집단적 저항을 하는 대신 개인적인 목적과 독자적인 라이프스타일을 지향하기 시작하여 생활 그 자체를 개성화하였고 개인의 건강과 활동을 중시하였다. 또한 6 · 25 이후의 베이비붐 세대의 많은 여성들이 전문직 등으로 활발한 사회진출을 하였으며 개인주의와 선택의 자유가 존재하여 선 시대에 비하여 결혼과 가족양식이 변화되었다.

또한 1960년대 후반기에 본격적으로 시각적 요소의 특성을 살린 TV는 1970년대 경제성장과 함께 급격히 우리의 삶에 파고든 전파매체로서 흑백 TV 수상기 보급 대수 100만 대를 초과하면서, 도시와 농촌의 격차를 크게 좁히고, 그 과정에서 여성의 의식, 여성에 대한 의식에도 큰 변화를 가져왔다. 이와 같이 1960년대 이후의 경제개발 계획을 통한 발전과정에서 대중매체의 양적 팽창은 한국인들로 하여금 미국 문화를 중심으로 하는 서양 문화를 전면적으로 그리고 급속하게 애용하도록 하였다.

1980년대는 정치적으로 광주 민주화운동이 일어나고 1979년에 있었던 석유파동까지 겹치게 되면서 불황과 인플레이션 현상은 심해지고 산업 전반에 무거운 압박이 가해졌다. 그러나 이런 어려움 속에서도 제5차, 제6차 경제개발 5개년 계획에 따라 차츰 수출이 증가하고 물가가 안정되기 시작하면서 국민소득의 증대와 높은 경제성장을 이룩하였다.

80년대 중반 이후 전반적인 국민생활의 안정과 풍요 속에서 70년대 외적인 면을 중시해 온 거품경제는 사라지고 삶의 질을 추구하는 내적인 생활태도가 나타났다. 이는 사람들의 가치관이나 생활양식을 근본적으로 변화시켜 현명한 소비생활과 절약풍조가 사회 전반은 물론 개인의 생활에서까지 제품의 질적인 추구와 다양화, 개성화를 요구하였다.

'86 아시안게임, '88 서울올림픽 등의 국제적인 행사, 해외여행 자율화 등으로 인한 국제교류와 여행을 통해 외국과의 문화접촉이 활발해지면서, 특히 미국문화의 수입이 급속하게 이루어졌다. 아울러 현대 여성들의 사회 진출 증대와 생활영역의 확대는 생활수준과 소득의 향상을 가져와 여가를 점점 더 중시하게 되었다. 또 사회적으로는 지속적인 경제성장에 따른 국민소득의 향상과 컬러 TV 보급, 교복자율화 등의 사회·경제적 환경변화에 따라 여성들의 패션 안목이 높아지게 되었다.

특히 매스미디어의 발달은 오늘날과 같이 과학기술이 극도로 발달한 현대에 있어서는 문화접촉의 가장 중요한 매개 수단이 되면서, 이들 전달매체를 통한 외래문화의 소개와 보급이 더욱 빨라지게 되었다.

이와 같이 80년대는 70년대 경제성장의 결실을 직접 누리며 성장한 신세대가 등장하고, 새로운 의식변화와 감각적이고 개성적인 것들을 추구함으로써 개성화, 개방화의 경향이 현저해졌다. 여기에 국제교류가 증진됨에 따라 외국에서의 유행은 거의 같은 시기에 곧바로 우리나라 여성에게 받아들여지고 패션 사이클이 빨라져 외국과의 커다란 시차가 없어지게 되었다(전상호, 1996).

80년대는 사무정보화 시대였으나 90년대에는 퍼스널 컴퓨터가 일반화되고 정보의 네트워크가 이루어져서 개인 베이스의 정보처리가 가능하게 되어 산업구조와 취업인구에 많은 변화를 일으키게 했다. 또한 지식산업과 정보산업이 핵심을 이루고 사회적으로는 전쟁을 경험하지 않은 젊은 세대가 주도 세력으로 등장하게 되었다. 이러한 젊은 세대들의 기존 질서와 기성 가치관에서 탈피하려는 개방감과 자유가 쾌락주의와 소비황금시대를 구가하게 된다.

90년대의 또 하나의 큰 특징은 소비의 개인화이다. 가족이 공동으로 사용하는 가전제품이 개개인의 소유로 되어 자동차도 family car에서 personal car화하는 등 목적적 소비에서 한 걸음 더 나아가 소비의 개인화가 이루어졌다. 이러한 과정에서 중류계급의 풍요에 의해 그들만의 독특한 라이프스타일을 가지고 중상계급이 세분화하기 시작했고, 이들에 의해 소비가 확대되고 더욱 성숙해져 생활의 질을 생각하게 되었다. 인구문제와 식량위기, 자원개발, 자연파괴 등 유한한 지구개념이 소비의식에 강한 자극을 주면서 환경문제가 중요한 문제로 부상되었다.

90년대에는 전체적인 국민생활이 양적인 팽창보다는 질적인 향상을 원했으며 패션상품에서도 소비자 지향적이고 고급화, 전문화가 되어 갔다. 또 글로벌 머천다이징이 본격적으로 시작되며 확실한 기업 이미지를 갖고 감정위주의 상품기획이 필요하게 되었다.

1997년 IMF 이후로 불어 닥친 거품경제의 영향은 사회적으로 소비생활에 많은 변화를 가져왔다. 구매결정에 있어서 더욱 신중하게 대처해야 함을 경각시켜 주었고 다소의 소비위축도 함께 불러일으켰다. 따라서 90년대의 소비자들은 갈수록 개성화, 다양화되었으며, 합리적이고 실용적인 구매경향이 두드러져 점차 '저렴한 가격에 우수한 품질'의 제품을 선호하게 되었다. 특히 소비자들의 가격에 대한 민감성은 점차 예민해져 제품 품질에 대해서 더욱 까다로워졌다.

② 화장품 산업의 발달

1) 화장품 생산

○ 화장품 성장기, 다양화

70년대는 경제가 성장함에 따라 생활수준이 높아졌고 여성의 사회진출이 늘어난 시기로서 이 시기의 화장품 생산을 요약하면 다음과 같다.

1970년대의 화장품 제조업체의 핵심 성공요인은 시장 세분화에 따른 신제품 개발능력, 구역 세분화와 같은 판매조직을 과학적으로 관리할 수 있는 능력 때문이었다. 따라서 60년대를 '화장품 산업의 기반 구축기'라고 하면 상대적으로 70년대는 '성장기'로 볼 수 있다. 국내 화장품 산업은 물론 경제발전과 더불어 모든 산업 분야의 기술적 진보가 눈부실 정도로 발전한 시기다.

1970년대 이 시기는 장업계 각사가 시장 세분화와 각 시장에 맞는 신제품개발을 통해 화장품의 새로운 시장을 개척하고, 구역 세분화와 소비자 관리와 같은 과학적인 판매관리로 매출 확대를 꾀하였다.

70년대 중반이 되면서 상품기획이라는 개념이 본격적으로 장업계에 도입되었다. 즉 그때까지는 공장에서 어떤 기술을 습득하면 즉각 그 기술이 있어야 개발할 수 있었던 제품을 신제품으로 내놓는 경우가 많았었는데, 70년대 중반부터 상품 기획업무를 마케팅 전담 부서가 관장하게 되면서 소비자의 잠재된 욕구를 파악하여 이를 충족시킬 수 있는 제품을 신제품으로 개발하기 시작했던 것이다. 70년대 들어서 새로운 시장을 겨냥한 신제품으로 제일 먼저 개발된 제품은 화장형태 제품이었다. 이어서 남성용 제품이 종합브랜드로 나왔으며, 베이비 제품이 뒤따랐다. 그 뒤 샴푸와 린스 같은 두발 제품과 보디 제품이 개발되었고, 곧이어 봄, 여름, 가을 전용 제품이 계절별로 개발되었다. 또한 피부의 성질에 따라 각 피부에 맞는 제품이 개발되었고, 나이에 맞추어 제각기 다른 제품이 개발되었다.

화장전문 잡지가 등장한 것은 1968년 태평양화학의 「향장」의 발간부터이며 한국화장품, 피어리스, 쥬리아, 라미 등 5개사도 월 수십만 부 내지 수백만 부를 발행하여 소비자에게 화장 지식의 전달과 제품의 홍보에 최대한 활용하였다. 이와 같이 판촉방법의 다양화와 화장 지식의 증가로 실수요자에게 구매동기를 직접으로 유발시킴에 따라 우리나라 여성들의 화장품과 화장법에 대한 식견이 높아져 갔다. 이에 따라 화장품 소비량도 점차 증가되었으며 화장으로 세련된 외모를 갖춘 여성들을 흔히 대하게 되었다.

모든 기술 분야에 기술혁신이 이루어졌듯이 화장품업계에도 피부의 노화방지를 위한 기능성 화장품이 출현, 다품종 소량생산, 라이프 사이클이 짧은 상품생산, 여성일변도 화장품에서 남성화장품도 등장했다.

ㅇ기능성 제품 개발

1980년대에 들어서면서 화장품 시장은 더욱 치열한 경쟁 양상을 보여 전체 화장품 시장의 성장률은 급격히 떨어졌고, 외국의 기술도입 확대로 장업 각 사 사

이의 기술 격차도 점점 좁혀졌다. 또 각 회사는 저마다 방문판매 조직을 견고히 하면서 재빨리 선두 기업의 경영기업을 답습하였는데 이로 인해 선두기업과 후발업체 사이의 차별성이 점점 줄어들었기 때문이다. 이런 상황을 극복하기 위하여 장업 각 사가 취할 수 있었던 유일한 방법은 소비자의 욕구를 충족시키는 데 기업이 가진 모든 능력과 기업의 활동을 통합하는 것이었다. 따라서 80년대에 장업계는 시장을 더욱 세분화하여 각 표적시장에 맞는 갖가지 기능성 제품을 개발하였고, 표적시장의 성격에 따라 광고와 판촉도 차별화하였다.

80년대에 접어들면서부터 제품개발의 큰 특징은 제형의 다양성과 함께 생명공학적 기법에 의해 생산된 원료의 도입 그리고 자연지향적인 제품의 개발을 들 수 있다. 특히 80년대 중반에는 70년대부터 개발되었던 레몬화장품이 최고의 제품으로 자리 잡았으며, 이러한 경향은 1988년도까지 계속됐다. 1984년을 기점으로 생명공학적 기법으로 생산된 원료가 사용되면서 대부분의 제품들이 바이오라는 상품명을 가졌다.

1986년에는 색조 제품에도 아미노산 유도체를 특수공정 처리함으로써 스킨케어 개념을 도입했다. 여기에다 고품질화, 고가정책이 두드러지게 나타났으며, 피부노화 방지와 영양보습을 강조한 제품들도 많이 출시되었고, 생약화장품이라는 개념의 화장품이 나타난 것도 이때이다.

ㅇ 화장품 수입자유화

1983년부터 화장품 수입증가가 이루어져 1986년 완전 자유화가 되었다. 당국은 국산 화장품의 품질 개선을 위한 기술 축적과 국제 경쟁력 강화를 위해 개방의 전 단계 조치로 기술제휴를 개방한 데 이어 1983년 1월을 기해 단계적인 수입개방 정책을 구사했다. 83년 이후 점차 화장품 시장이 개방됨에 따라 국내업계는 수입개방에 대한 대응의 일환으로 선진 외국기업과 기술제휴에 의한 품질향상 및 신제품개발을 추진하는 한편 외국기업과의 합작투자도 시도되었다.

1987년 말에 개발된 리포좀 화장품도 하나의 흐름을 형성하게 되었다. 리포좀 콤플렉스 성분과 함께 영지, 월견초유, 금잔화 추출물 등이 함유된 제품이었다. 80년대 중반부터 도입되기 시작한 생명공학과 첨단기술로 피부과학 이론에 입각해 피부조직의 기능을 정확하게 파악함으로써 피부노화 억제, 피부세포 기능을 활성화시켰나.

　미백제품에서도 과거 비타민C 유도체 사용에서 탈피, 다양한 미백성분의 배합이 이루어져 '아스코르빌 포스페이트 마그네슘'이라는 수용성 바타민C, 코직산, 알부틴 또는 기타 미백효과가 있는 천연추출물의 사용으로 보다 적극적인 미백 화장품이 개발되었다.

○기능성 화장품 개발

　90년대 들어서면서 피부노화에 대한 연구가 더욱 활발해졌으며, 이러한 성분으로 비타민A와 AHA(알파하이드록시 애시도) 간의 성분에 의한 효과 연구 등이 활발히 진행되기 시작했다. 화장 제품류는 안료의 표면처리 및 유기-무기, 무기-무기화합물로써 새로운 원료의 개발에 의해 사용감과 화장의 효과를 높이고자 하는 연구도 지속적으로 이루어졌다. 80년대부터 90년대 초반까지 10년 동안 화장품 수요는 기초와 색조 제품이 나란히 성장세를 나타냈다. 즉 과거 기초 제품에만 집중되었던 소비 성향이 생활력의 향상에 힘입어 여성들의 아름다움에 대한 욕구가 분출하면서 화장 제품의 성장이 두드러지고 있다.

　즉 새로운 미생물 배양법에 의하여 양산이 가능해진 히아루로닉 애시드나 조직 배양에 의한 시코닌 등 생물광학적 기법으로 생산된 원료를 이용한 바이오테크 놀로지가 등장한 이른바 '바이오 화장품'이 개발된 것이다.

　이러한 생리활성물질 등 기능성 원료와 함께 제품이 생산됨으로써 화장품은 종래 안전성 위주의 기초 연구에서 유효성과 유용성 중심의 연구로 바뀌었고 고기능성 화장품개발이 붐을 이뤘다.

○개방화시대, 화장품생산의 고급화시대

　1990년대는 개방화 시대, 화장품 생산의 고급화 시대이다. 90년대 들어와서는 소비자의 경제적인 배경을 기반으로 중산층 의식의 확산으로 화장품의 고급화를 지향하게 된다. 특히 환경보존에 대한 인식강화로 화장품 업계에서도 수질 오염, 오존층 파괴, 지구의 온난화 현상 등과 같은 지구환경 문제에 대한 노력이 시작되었다. 이를 계기로 색조 화장품은 물론 기초 제품에서도 리필제품(교체품)이 등장했다. 제품의 고급화를 지향하면서 기능이 강조되는 화장품이 출하된 것이다. 단순한 색감만을 주는 화장형태에서 기능이 보강되어 피부보호 측면까지 생각하는 색조제품이 개발되었다. 또 천연소재를 주제로 한 제품개발이 활발하게

진행되면서 머드팩과 야채팩도 개발되었다. 특히 90년대에는 피부의 면역기능을 연구하여 그 기능을 높여 주는 원료의 응용으로 면역기능 화장품까지 개발, 출하하는 수준까지 발전했다.

이러한 개발방향으로 향후 화장품은 단순한 화장를 위한 코스메틱의 개발이 아니라 약리적 활성 성분이 다수 포함되었다. 약리적 치료기능까지 지니는 COSMEDICS의 연구개발이 추진되어 화장품과 의약품 사이의 구분이 좁혀져 갔다. 90년대 들어서부터 화장품 업계도 환경문제가 가시화되기 시작했다. 산업활동의 확대와 인구증가 등에 의한 환경파괴와 오염증대는 생태계 파괴와 건강에 대한 장애를 일으키는 심각한 문제로 인식되었다. 화장품 회사에서도 환경 친화적인 경영전략을 구사해 코리아나는 천안공장에 공장폐수를 정화시키는 폐수처리장을 설치함으로써 수질오염 방지에 적극 나서고 있다. 또 재활용 종이를 이용한 패키지나 용기오염을 줄이기 위한 리필제품의 생산도 크게 늘어나고 있다. 현재 색조제품뿐만 아니라 기초제품의 리필도 다수가 출하되고 있으며, 태평양, 엘지화학, 한국화장품, 피어리스, 한국폴라 등 20여 사가 여기에 참여하고 있다.

2) 화장품의 유통과정

○ 할인코너의 등장

방문판매가 국내 화장품 유통의 절대적 위치를 접할 수 있었던 데는 몇 가지 장점들 때문이다. 그것은 판매원들에 대한 성과급 시행과 소비자의 잠재욕구 유발 기회를 부여했다는 점이다. 또 화장품을 판매하는 데만 그치지 않고 화장 상담과 지도 등의 화장 서비스 제공과 할부구매가 가능하다는 것이다. 그러나 방문판매의 이 같은 외상할부 판매는 결국 도매상을 통한 할인코너 판매보다 제품 가격이 상대적으로 비싸다는 약점으로 급격한 감소추세를 보였다. 이와 함께 여성들의 사회적 지위향상과 사회진출의 증가로 인한 재택률의 감소와 판매원 확보의 난점 등이 방문판매를 위축시켰다.

특히 방문판매를 대체한 할인코너의 등장은 절대적인 영향을 미쳤다. 이 할인코너는 방문판매를 위축시키면서 10여 년 만에 전체 유통경로의 약 70%가량을 점유하게 되었다. 가장 큰 장점은 정찰가격으로 구매할 수밖에 없었던 방문판매보다 약 30~50%에 이르는 가격 할인에 있었다. 또 매장을 직접 방문할 수 있는 접근 기회의 증가로 인한 제품 선택의 폭이 향상됐다는 점과 제조업체의 전문점에 대한 지원이 대폭 강화됨에 따라 활성화되었다. 이와 함께 고객서비스 개념을 도입해 전문점주들의 화장 교육과 제품에 대한 교육을 실시한 점도 중요한 요인으로 작용했다.

지금은 각 화장품 회사마다 유통경로를 방문판매, 백화점, 편의점, 슈퍼마켓, 창고형 할인매장, 기타 이·미용실 등 판매선을 소비자의 기호에 따라 다변화하고 있다.

90년대 들어서 세계 무역질서의 근간이 바뀌는 WTO체제 출범과 함께 시장개방이 본격화됨에 따라 화장품 업계도 일대 전환점을 맞게 됐다. 이에 따라 각 사는 시장 선점을 위한 대고객 서비스를 한층 강화하는 공격적인 경영으로 선회하고 있다. 특히 품질이 비슷한 상황에서 국내 제품이 외제품보다 우위를 점할 수 있는 부문은 대고객 서비스뿐이라는 인식 아래 자사만의 독특한 서비스를 제공키 위해 다양한 방안들을 내놓았다.

1990년대에 들어서면서 방판은 주 경로의 자리를 시판에게 내주었다. 말하자면 이제 제조업체가 유통경로를 지배하던 시기는 사라져 가고, 소매상의 교섭력이 커지고 있는 상황을 맞이한 것이다. 제품의 라이프 사이클은 갈수록 짧아지고 소비자의 욕구는 급변하고 있다. 속도가 가장 중요한 경쟁요소로 등장하였고 생산, 판매, 물류, 마케팅, 연구개발이 일체화되어 총 합력을 발휘할 때 진정한 경쟁력을 가질 수 있게 되었다. 즉 회사 전체가 고객만족이라는 과제를 중심으로 하여 재조직되어 어떻게 하면 고객을 우리 편으로 만들 수 있느냐 하는 것이 기업이 성공할 수 있는 핵심요인이 된 것이다.

서양여성의 미용문화 배경

먼저 20세기 이전 화장의 역사를 그 시대의 문화적 중심이 되었던 국가를 위주로 살펴보면 다음과 같다.

1) 서양 미용문화의 역사

(1) 고대 이집트

① 화장

이집트 사람들의 강한 장식욕은 화장으로 나타났다. 이집트 무덤에 남아 있는 회화와 예술작품은 정교한 분장과 가발이 이집트인들의 일상생활, 특히 지배계층들에게는 생활의 일부분이었다는 사실은 의심할 여지가 없다. 여성이 남성보다 화려한 경향이 있었던 것처럼 화장도 여자들 사이에서 발달했다. 기름과 향수의 혼합물이 향유를 풍부히 사용한 것은 출토된 향유병으로 증명되는데 이집트인들은 향유로 노출이 많은 피부를 보호하고 손질을 게을리하지 않았던 것이다. 눈은 대단히 중요한 부분이

▲ 그림 1-21. 눈꺼풀: 광택 있는 녹색을 띤 청색이나 녹색 아이섀도는 정상적인 눈꺼풀보다 위에 그린다. 검은 눈썹은 바깥쪽으로 길게 연장해서 그린다. 검은 아이라인은 눈의 양쪽 끝까지 연장힌다.

▲ 그림 1-22. 이집트 공주의 가발

었는데 아마도 그것은 보호의 상징으로서 '신의 눈'을 믿었던 사실과 관련이 있을 것이다.

검은 화장재료 먹(Kohl)으로 그린 선으로 눈을 강조해서 눈을 크게 만들고 눈의 양쪽 끝으로 그 모양을 확대했다. 직선을 눈 바깥쪽 구석까지 연장하여 그렸다. 푸른색 공장석(石)에서 얻은 안료를 눈 주위에 그리기도 하고 때로는 눈 아래에 그리기도 했다. 시원하게 보일뿐 아니라 곤충으로부터의 접근을 방지하기도 했다. 가발과도 조화를 이루었다.

이외에 분, 볼연지, 입술연지 등도 애용되었는데 연지의 원료인 이집트의 헤나(Hanna), 흰색을 나타내는 백납 등이 사용되었다. 이것이 오늘날의 메이크업의 유래가 되었다. 이렇게 시작된 메이크업은 이집트의 마지막 여왕인 클레오파트라의 화장 기교에서 꽃을 피우게 되었고 이집트의 벽화에서 보듯 눈 아래쪽에는 초록색의 눈꺼풀, 눈썹, 속눈썹에는 코올로 검게 칠하는 강렬한 화장을 했다. 이 시대의 화장 목적은 더위로부터 몸을 지키고 병과 외부로부터 몸을 보호하고 사회적 표시와 미적 효과를 나타내는 것이다.

② 머리형태

가발은 남녀 모두 사용하였다. 가발 재료로 초기에는 linen이나 종려나무 섬유를 사용하다가 나중에는 wool이나 사람의 머리카락으로 부피를 크게 만들어서 모자처럼 사용하였다. 가발은 그물로 된 cap에다 가발재료를 땋거나 간추려 엮어서 남자들은 완전히 머리카락을 밀어낸 위에, 여자들은 짧게 깎아낸 머리 위에 얹었다. 머리와 cap 사이에 공간이 있어 머리에서 생기는 열이 발산되고 통기도 되어 오히려 시원한 효과를 주었다. 가발의 색은 일반적으로 검정색이 많고 때로는 진한 청색 또는 황금색으로 물들이기도 했다. 여

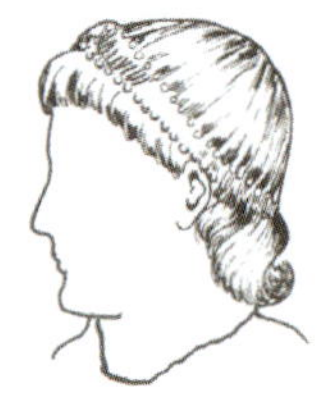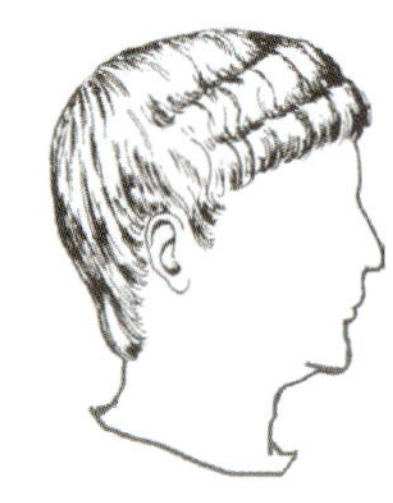

▲ 그림 1-23. 남성의 머리형태

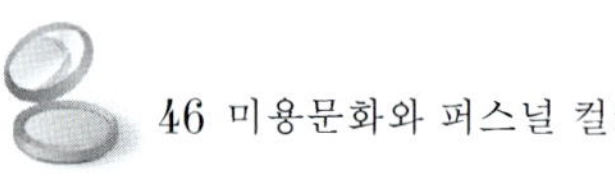

자의 가발은 남자 것보다 보통 길어서 어깨나 가슴 위까지 닿았고 땋는 방법, 가리마를 내는 위치, 묶는 방법, 같이 엮는 장식품에 따라 그 모양이 다양하였다. 즉 땋아서 한 옆에 내리기도 하고 리본, 꽃, 구슬 등과 함께 엮기도 했다. 가발의 길이는 귀를 덮고 어깨나 그 아래까지 드리웠다. 후에 남성 여성 모두 자신의 머리를 면도하여 가발을 더 편하게 착용했다. 가발에는 머리띠를 보석이나 화관으로 장식했다.

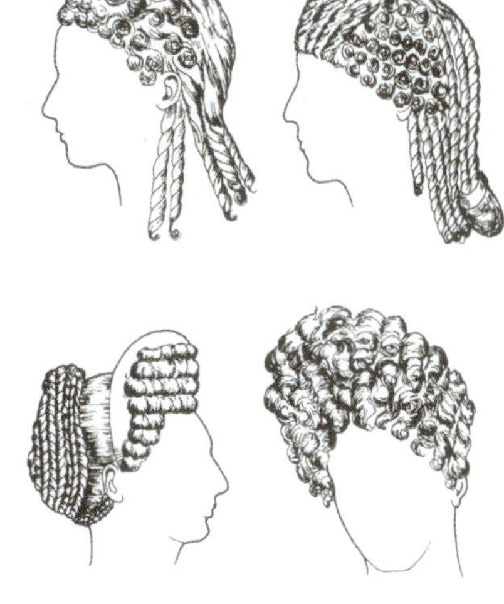

(2) 그리스·로마시대

① 화장

이집트 문명을 합리적으로 받아 들였던 그리스는 후에 로마 문명의 기초를 이루었다. 고대와는 달리 그리스 시대에 들어서 향장품은 비로소 과학적 원리에 기초를 두게 되었다. 의학의 아버지라 불리는 히포크라테스는 피부병을 연구하여 식이요법, 마사지, 햇빛 목욕 등이 피부를 건강하게 유지시켜 준다고 주장했는데 이러한 이론은 현대미용에 기여한바 크다. 그리스 여인들은 얼굴은 백납으로 새하얗게 바르고, 눈은 검정색 코올로 강하게 강조하고 볼과 입술에는 단사(주황색색조)를 발라 화장했으며, 미용과 종교의식을 위하여 목욕을 즐겨 했고 머리에도 신경을 쓰기 시작하여 다양한 머리 장식법을 발전시켰다.

로마 여인은 이상형으로 그리스인처럼 희게 빛나는 피부색과 낮은 이마, 코와 연결되게 길게 그린 눈썹이 최상의 아름다움을 나타낸다고 여겼으며, 키가 크고 머리칼의 색은 갈색이나 검정보다는 금발의 여인을 더 아름답게 여겼다.

② 머리형태

그리스인들은 금발을 아름답게 여겼기 때문에 자연직인 모습 그대로에서 미를 표현하고자 했다. 이것은 남신이나 여신을 표현할 때 금발(red blond)을 즐겨 사용하고 길고 숱이 많은 제우스(Zeus)신이나 남자의 타래머리들이 회화나 조각에 많이 보이는 사실로 알 수 있다. 비교적 단순한 의상으로 인해 자연히 머리치징

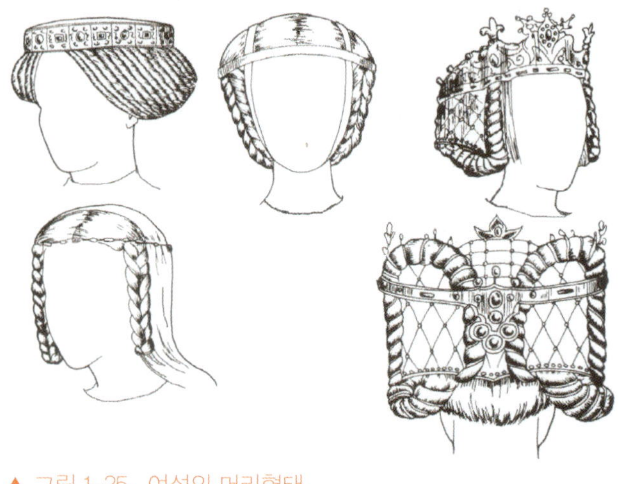

▲ 그림 1-25. 여성의 머리형태

에 관심이 많아져 머리를 깨끗이 하고 curl을 만들거나 잿물로 표백하고 노란 꽃을 으깨 머리를 헹구어 황금색으로 착색하는 것이 유행이었다. 여기에 기름이나 향수로 윤을 내었는데 머리뿐 아니라 몸 전체에 사용했다. 그러나 상이나 슬픈 일이 있을 때에는 머리를 깎고 부정한 여자의 경우는 벌의 의미로 남편이 머리를 깎는 등 머리의 아름다움을 중요시한 것을 알 수 있다. 남자의 머리형태는 curl을 이마 위에 내리는 형태, 앞머리의 curl을 뒤로 굽실거리게 빗어 넘기는 형태, 앞머리를 짧게 단발하고 뒤는 길게 타래머리한 형태, 귀와 같은 길이로 둥글게 자른 형태 등 여러 가지가 있고 여기에 금속 잰잰드나 은장식을 하였다. 초기에는 긴 머리를 즐기다가 후기에는 단발을 좋아했다.

여자의 머리 모양은 일반적으로 풀어 내리거나 목에서 자유롭게 묶는 간단한 형태가 유행했다. 후기에는 의상이 화려해지면서 머리장식도 복잡해졌다. 로마시대에는 왕족을 비롯하여 많은 대중들이 남녀를 불문하고 호사스러움을 즐겼다. 귀족남자들은 증기탕, 마사지, 향유 등을 즐겼으며 얼굴에 난 털을 깎는 것이 유행하게 되었는데, 이것이 현대식 면도의 시초가 된다. 여성들은 우유, 포도주 등으로 마사지를 했으며 볼과 입술은 야채에서 뽑은 염료로 만든 화장품으로 붉게 칠하였다.

(3) 중세

① 화장

중세는 종교가 사람들의 생활과 관습에 절대적인 영향을 미쳤던 시대로서 목욕이나 화장 등이 그 이전보다 쇠퇴한 이름 그대로 암흑시대였다. 방향성 물질은 주로 종교의식에 쓰였고, 왕족 가운데서도 극소수에게만 사용되었다. 이러한 유

럽과는 대조적으로 동방에서는 아라비아인이 그리스 로마의 기술을 연구하고 동
시에 인도나 페르시아의 지식 문화를 흡수하여 연금술, 약학, 식물학 등 여러 면
에서 세계에서 가장 수준 있는 문화를 형성하였다. 생리, 보건 연구도 많이 진전
되어 목욕, 식이요법, 마사지 운동 등의 효과를 강조하였으며, 화장품이나 향류
를 그저 바르는 수준을 넘어서 보다 과학적이고 근본적으로 제조하여 해결하려
는 노력이 이루어졌다.

8C경 이태리와 스페인 등지에서는 비누가 제조되었고, 10C 이후 남부 프랑스
에서 향료 식물의 재배가 시작되어 향료의 대량 생산이 가능하게 되었다.

② 머리형태

비잔틴인들은 자연스러운 머리에 curl과 웨이브의 아름다움을 중시했던 그리
스 로마인들과는 달리 머리에 쓰는 관이나 장식 등을 중요시 했다. 여기에는 전제
군주제가 확립되어 특히 관으로 권위를 구별한 동방으로부터의 영향이 컸다고 본
다. 여자의 머리는 8세기 이후로는 머
리 자체의 형태보다 머리장식이 발달
하게 되었다. 여자의 머리 형태와 장
식은 고딕시대에서부터 본격적인 발달
을 보게 되었다. 젊은 여자는 머리를
느슨하게 늘어뜨리고 기혼부인은 대개
중앙에서 나누어 땋아서 양 귀를 덮어
정돈하였다. 여기에 touque형의 관을
쓰기도 하고 머리 전체나 양 옆의 땋
은 머리에다가 금, 은, 견사와 보석으
로 장식한 그물망(net)을 덮어썼다. 이
러한 머리형은 후기에 좀 더 미화되면
서 거대해진다. 양 옆의 머리를 달팽
이 형으로 감아올려 호화로운 net을
쓰기도 하고 chaperon의 끝을 감아올
려 전면적으로 보석을 박아 상투 같은
모습을 보인다. 또한 장식적인 관을

▲ 그림 1-26. 엘리자베스 1세 여왕(르네상스 시대)

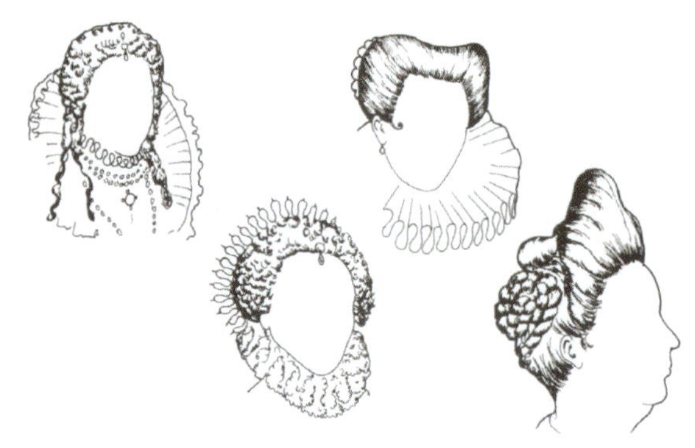
▲ 그림 1–27. 16세기 여성의 머리형태

쓰고 다시 veil을 뒤에다 늘어뜨린 형태의 wimple이 수도원이나 일반 부녀의 옥외용으로 사용되었다.

(4) 르네상스 시대(16세기)

① 화장

인간성의 존중, 개성의 해방을 목표로 하는 한편, 그리스 로마의 고전문화 부흥을 표방한 이른바 문예부흥기로서, 이 시기에는 히포크라테스시대 이후 의학부분에 속해 있던 향장학이 하나의 독립된 분야로 발전하게 되었다. 다시 말해 병 등 피부에 대한 의학적 처방과 건강한 피부의 미용적 보호를 구별한 것이다

이 시기는 십자군 전쟁으로 인하여 동서양 문물의 교류가 활발해진 시기이며 산화철, 질산, 탄산납 등 새로운 색소들이 많이 알려져 유화, 염료, 메이크업 등에 고루 쓰이게 되었다. 중세의 교회는 화장형태를 비롯해서 퇴폐적인 로마식을 공공연히 비난했지만 이상스럽게도 기독교 십자군은 그 비난의 대상을 다시 도입했다. 상류계층 여성들은 동방의 산물인 향수, 머리염색, 미용법 등을 환영했다. 그리하여 화장품을 다시 사용하게 되었다. 그러나 화장품의 사용은 15세기 동안 극미했다. 기사도시대 동안에 기사들은 그들이 갖추어야 할 고상한 자질 가운데 여성을 보호할 준비가 되어 있어야 한다는 도덕률이 포함되어 있었다. 그

▲ 그림 1–28. 헨리 8세

당시의 이상적인 미의 전형은 피부는 창백하고 투명하며 눈썹은 뽑아 없애는 것이었다. 이마에서부터 머리카락을 면도해 없애버렸다. 얼굴의 구조와 용모의 섬세함을 강조한 점이 기사도시대의 이상적인 여성미의 특징이다. 흠 없는 창백한 얼굴에 뺨과 입술에만 가볍게 색조화장형태를 했다.

엘리자베스 1세 여왕은 독립적인 특징을 가진 강력한 인물이었다. 그런 그녀의 영향 탓에 그녀가 선호하는 것은 모든 여성이 선호하게 되었다. 그녀가 화장품을 사용하자 남성과 여성이 모두 화장품을 사용하는 것이 유행했다. 그녀는 얼굴

에 흰 가면처럼 바르고 창백하게 하였고, 이것은 아주 곱슬곱슬한 빨간 머리와 강한 대조를 보였다.

② 머리형태

남자들은 머리와 수염을 기른 채 십자군 원정에서 돌아왔다. 그리하여 긴 머리형의 시대가 시작되었다. 르네상스

▲ 그림 1-29. 퐁땅쥬(fontange)의 다양한 형태

기 남성들의 머리는 컬(curl)을 하여 어깨까지 자연스럽게 늘어뜨린 것이다. 그러나 점차 의복에서 러프 컬러(ruff collar)가 유행되고 러프의 크기가 대형화되면서 긴 머리의 불편함을 인식하여 머리를 짧게 자르고 단정하게 빗어 넘겼다. 머리와 같이 수염을 깨끗이 잘랐으나 중기경에는 코밑수염을 기르기도 했다. 프랑스의 프랜시스 1세의 짧은 머리형이 유행했고 헨리 8세까지도 흉내 냈다. 헬리 8세의 각지게 자른 수염은 그 시대의 수평 윤곽을 유행시켰다. 짧은 머리형은 실내든 실외든 모자를 착용했다. 중세 이래로 여성적인 취향의 우세는 남장에도 영향을 주었다. 남자의 의상이나 몸짓이 여자의 모습과 비슷해져서 근엄한 수염이 사라지고 머리칼은 부드럽게 어깨까지 늘이게 되었다. 이시기의 남자의 머리모양과 장식은 여자의 것에 비하여 극히 간단하고 특별한 것이 없다. 강조된 상체와 함께 대체로 머리는 짧아져서 강한 남자의 인상을 느끼게 한다.

모자는 가장 기본적인 토크(toque)를 썼다. 16세기 전 시기를 통해 가장 유행된 모자는 베레모(baret)였다. 이는 이태리에서 기원된 것으로 처음에는 원형의 직물을 머리에 맞

▲ 그림 1-30. 17세기 여성의 머리형태

게 끈으로 묶어 사용하였다. 이는 펠트, 벨벳, 실크 등을 사용하였고 점차 형태를 갖추어 베레형태로 되고 형태도 다양해졌다. 중기가 되면서 의상의 과장화와 함께 베레도 과장되기 시작하였다. 부드러운 관 부분에 철사를 넣어 높이를 높게 하였다. 베레에도 각종의 보석과 공작 깃털로 장식하였다. 여름에는 밀짚으로 만든 것을 사용하였다.

여성들의 머리는 단순하게 변하였다. 남성과 같이 길게 늘어뜨리는 머리는 불편하게 여겨 단정하게 만들었다. 앞 중심에 가르마를 타고 앞이마를 전체적으로 내놓았으며 뒷머리는 목덜미에 붙였다. 머리에는 얇은 거즈(gauze)나 보일(boil)로 된 베일(veil)을 씌우는 것이 유행하였다. 여자들의 모자는 다양하였다. 남성과 같이 베레나 토크를 쓰고 깃털로 장식하였다. 베레나 토크의 재료에는 새틴(satin)과 벨벳이 사용되었다. 또한 보닛(bonnet)을 머리 뒷부분에 쓰고 앞부분에 깃털을 장식했다.

르네상스 시대의 특징적인 모자로 앞부분에 철사를 넣어 틀을 만들고 뒷부분을 늘어뜨리는 게이블 후드(gable hood)가 있었다. 이 게이블 후드는 검정색 실크나 벨벳으로 만들고 머리 전체를 감추었다. 르네상스 시대에는 항상 모자를 썼으며 각 모자에 자수나 보석으로 장식을 하고 깃털을 장식한 것이 특징이다.

(5) 바로크 시대(17세기)

① 화장

여자들은 화려한 의상과 함께 진한 화장을 하여 납으로 만든 인형처럼 보이게 하고 몸 냄새를 감추기 위해 강한 향수를 사용하였다. 17세기 후반에는 얼굴에

patch를 붙이는 것이
유행했는데 이 patch
는 taffeta, velvet 형
겊을 둥근 모양, 별모
양, 초승달 모양으로
오려서 풀로 붙이는 것
이다. patch는 얼굴에
광택을 더해주기 위해
사용된 것 같은데, 잘
떨어졌기 때문에 상자
에 넣어 가지고 다니다
가 떨어지면 다시 붙였
다고 한다.

이 시대 화장의 특징은 홍조를 띠거나 붉은 연지를 칠한 뺨, 모양과 색깔이 장미
꽃 같은 입술, 살이 찌고 둥근 용모로 요약될 수 있다.

② 머리형태

바로크 시대 남자의 머리형태는 가장 여성스럽고 풍성한 모양으로 나타난다.
초기의 머리형태는 nack wear의 모양이나 높이에 의해 많은 영향을 받았다. 목
뒤쪽이 높고 빳빳하게 뻗친 whisk collar가 한동안 유행하였으므로 당시의 신사
들은 머리를 짧게 다듬어야만
했고 모자는 별로 사용하지 않
았다. 그 후 어깨에 내려앉는
flat collar가 유행하게 되자 다
시 머리를 어깨까지 늘어뜨리게
되고, 멋을 내는 신사들은 머리
를 성돈하는 방법에 있어서 여
러 가지 기교를 부리게 되었다.
후기에는 가늘게 땋은 머리에
리본을 달고 아래로 내려뜨린

▲ 그림 1-33. 17세기 남성의 머리형태

▲ 그림 1-34. Pompadour 부인(1759)

▲ 그림 1-35. Aigairandes 부인(1759)

것, curl된 머리를 빗질해서 간추린 것 등 머리카락의 풍성함을 자랑하는 여러 가지 모양이 나타났다. 또한 루이 13세 시대에 프랑스 상류사회나 궁전의 풍속 가운데에서 가발이 등장하였는데 이것은 젊은 왕의 대머리를 감추기 위해 사용하기 시작해서 상류사회에 유행이 된 것이다.

▲ 그림 1-36. 여성 헤드 드레스(head dress)의 풍자화(1770)

가발은 17세기 후반에 이르러서 화려한 의상과 조화되어 매우 중후하고 거창한 형태로 변화하였다. 머리카락은 각색의 분을 뿌려 갈색이나 연두색, 회색을 띤 흰색 등으로 착색을 하였고 이를 pomade로 고정시켰으며 각종 향수를 뿌렸다. 그러나 무겁고 단단한 가발을 늘어 붙이고 있는 것은 매우 견디기 힘든 일이었으므로 실내에서는 가발대신 linen이나 wool로 된 cap을 덮어 쓰는 풍습이 생겼다.

여성들에 있어서 머리형은 collar 둘레의 영향을 받으며 변화해 왔다. 17세기 초 대형의 reff나 부채형의 세운 collar가 유행할 때의 머리형태는 머리 속에 가발을 넣고 pomade로 굳혀서 높이 빗어 올린 후에 보석과 진주로 장식한 아름다운 핀을 꽂는 것이었다. 높은 머리는 대체로 귀족적인 분위기를 나타냈는데 이에 따라 여자들은 몸가짐에 있어서도 머리가 흐트러지지 않도록 조심스럽게 움직여야 했다. 그 후 시민풍의 flat collar의 등장으로 높은 머리는 없어지고 어깨 위로 자연스럽게 curl을 해서 늘어뜨려 풍성한 의상과 잘 조화시켰다. curl을 한 머리를 더욱 풍부하게 보이도록 머리 위에 리본을 장식하기도 하고 새털을 달기도 하였다. 루이 14세 시대에 들어와서는 귀족적인 의상에 따라 머리형도 기교적으로 되

▲ 그림 1-37. 18세기 남성의 머리형태

▲ 그림 1-38. 18세기 여성의 머리형태

어서 퐁땅쥬(fontange)라는 우아하고 기교적인 머리형이 나타났다. 이것은 딱딱한 린넨(linen)이나 레이스(lace)를 주름잡아 철사로 층층이 탑처럼 씌운 후 리본을 장식한 특징적인 형태로서 양 옆으로 라페(lappet)가 늘어지고 뒤는 레이스로 되어 있다. 1690년대에는 금, 은, 철사와 빗을 사용해서 curl된 머리가 숱이 많아 보이게 하는 머리형이 나타났다. 머리 위에는 커다랗게 리본을 매기도 하고 양쪽에 tassel처럼 가지런히 달기도 하였는데 이 머리형은 주로 스페인에서 유행했다.

1670년대에는 curl을 잘 말아서 전체 머리를 화려하고 커다랗게 부풀린 참신한 머리형이 유행하였는데 이것은 꽃밭 또는 양배추형 등의 이름으로 불렸다. 귀부인들은 의상만큼 머리형을 중요시하여 전용 미용사를 두었다 한다.

초기에 남성들의 머리는 ruff collar의 전체가 남아 있어 계속 짧은 머리였다. 컬러가 점점 낮아지면서 머리는 길어지고 어깨까지 내려왔다. 긴 머리는 물결치듯 컬(curl)을 하여 등 뒤로 늘어뜨렸는데 길어지면서 조금 더 아름답게 표현하기

위해 가발을 썼다.

▲ 그림 1-39.　The Duchesse d' Aumale (1846)-근대

(6) 로코코 시대(18세기)

① 화장

여자들은 17세기와 마찬가지로 두텁게 화장했는데 백발의 유행에 맞추어 얼굴을 매우 희게 강조하였다. 화장형태의 특징은 창백한 피부에 뺨의 위치보다 약간 밑에 볼화장을 하고, 깨끗하고 밝게 강조한 눈썹, 장미 꽃봉오리 같은 입술로 대표된다.

화장은 사교의 일환으로서 남성의 화장도 여성적인 화장과 같이 습관화되어 백납분으로 얼굴을 하얗게 표현하고 볼과 입술에 루주를 발랐다. 패치의 사용이 대단히 유행하여 검거나 붉은 실크로 만들어진 여러 가지 형태를 흉터나 결점을 감추기 위해 혹은 얼굴을 더 하얗게 돋보이기 위해 아교를 사용하여 붙였다.

또한 촉촉하게 빛나는 눈빛을 위해 가지과에 속하는 벨라도나(belladona)의 즙을 이용하여 눈동자의 동공을 확대하기도 하는 등 프랑스와 영국을 비롯한 18세기 유럽의 화장은 전반적으로 남녀 모두 지나친 경향을 보여 화장을 하기 전의 모습과 한 후의 모습이 서로 다른 사람으로 보일 정도였다고 한다.

② 머리형태

18세기 초기와 중기 동안에 신사들은 머리 장식에 가장 관심을 가졌다. 중국을 통해 전 유럽에 전파되어 군인들의 머리형이 되었던 단정하고 편리한 땋은 머리가 일반인에게 보급되었다. 이 머리는 피그테일(pigtail)이라고 하여 본래의 발상은 퉁구스족이나 만주족으로서 17세기 초에 퉁구스의 여진족이 중국 대영토 정복에 성공했을 때 그들 고유 풍속인 pigtail을 강요한 것은 유명한 일이다.

가발은 루이16세가 태양왕으로 군림할 때 가장 발달하였고 머리 가루는 살롱에서의 에티켓으로 남·여 아이 모두가 갖가지 색의 밀가루를 과도하게 뿌렸다.

가장 많이 사용된 색은 흰색이었다. 로코코의 여성들은 옷보다 머리에 더욱 관심이 있었다. 18세기 여자들의 머리형태는 가장 흥미를 집중시키는 스타일을 연출한다.

18세기 초까지는 바로크 시대에 유행했던 퐁땅쥬(fontange)형이 전성을 이루었으나 루이 14세가 사망한 후 퐁빠두르(pompadour)형이라는 낮은 머리형이 유행하게 되었다. 이 형은 머리카락을 부풀리지 않고 뒤로 빗어 넘긴 우아하고 깔끔한 머리형으로 때로는 머리 위에 조화나 리본, lace cap, 깃털 등의 섬세한 장식을 사용하기도 하였다. pompadour 형은 대형의 panier와 조화를 이루면서 세기 중엽까지 애용되었다. 1769년이 되어서 머리형에 변화가 나타나 점차 머리형태가 높아지고 거대해져 갔으며 그 위에 장식이 높이 쌓여졌다.

이 시대의 취향은 머리형을 예술적이고 환상적인 것의 극치로 이르게 하여 Rococo의 여왕이라 불리던 앙투아네트 시대에는 높이와 기교에 있어서 가능성의 극한점까지 도달하였다. 이들은 땋은 가발을 사용하였는데 단순한 머리형태뿐 아니라 여러 가지 형태로 만들어 머리 위에 올리고 각기 나른 명칭을 붙였다. 형태로는 과일바구니, 정원, 새 또는 야채바구니 및 배 등 갖가지 모양이었고 크기도 거대하였다. 이런 형태의 가발에 레

▲ 그림 1-40. 크리놀린 스타일

▲ 그림 1-41. 버슬 스타일

▲ 그림 1-42. 고전주의 스타일

▲ 그림 1-43. 낭만주의 스타일

이스, 리본, 깃털, 조화, 보석 박힌 버클(buckle) 등으로 장식했다. 그러나 1770년대 이후로 이런 경향은 점차로 감소되어 공식적인 경우를 제외하고는 일반적으로 머리가루를 사용하지 않았다. 이 그림은 1770년대의 공상적인 작품으로서 당시 헤드 드레스의 극단적인 면을 표현하였다. 이러한 형을 똑바로 세우고 유지하기 위해 주름 잡은 크리놀선으로 된 많은 패드와 가발 등을 머리 안에 넣었다. 머리 자체는 백색을 갈망하여 밀가루 풀로 뻣뻣하게 하였다. 공 모양의 마천루는 그림에서는 완전히 만들어진 것처럼 보이나 여러 가지 물건을 첨가한 것으로 추측된다.

▲ 그림 1-44. 낭만주의 스타일 이브닝드레스(evening dress, 왼쪽), 무도회 드레스(ball dress, 오른쪽)

(7) 근대

① 화장

19세기에 들어서면서 인위적이고 유해한 화장품의 과도한 사용을 자제하려는 분위기가 확산되면서 자연주의 사상의 대두와 함께 자연스러운 화장이 주조를 이루었으며, 19세기 중반부터는 화학과 기술의 발달로 점차 화장품의 성분과 제조술이 개선되면서 부흥기를 맞게 되었다. 얼굴에 색상을 부여하지 않는 자연스러운 미의 강조가 19세기 전반의 경향으로 자리 잡았다. 19세기 화장은 이제 여성만의 전유물로서 위생과 청결이 중요시되었고, 비누의 사용이 보편화되었다. 향수는 여전히 애용되었으나 얼굴에 색상을 부여하는 두꺼운 화장은 이미 유행에 뒤진 것이 되어 이는 연극이나 무대에 한정되었고, 일반 여성은 자연스러움을 중요시하였다. 한편 이전까지 왕족이나 귀족의 전유물이었던 크림이나 로션 등은 이제 일반 시민들도 쉽게 접할 수 있었으며, 질도 향상되고 제품도 다양해졌다. 특히 1866년 산화아연을 만들어 냄으로써 그동안 여성들에게 해독을 주었던 것보다 훨씬 안전하고 새로운 분을 사용하게 되었다.

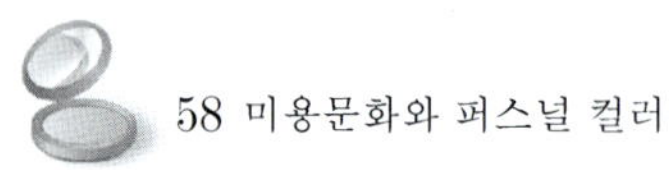

② 머리형태

18세기 말에 발생한 프랑스 혁명은 사회발전에 막대한 영향을 끼쳤다. 자유와 평등이라는 구호 아래 시작된 혁명은 민주주의를 초래하였으며 그로 인해 복식, 머리형태, 화장형태에 많은 변화를 가져왔다. 이러한 시대적 상황을 배경으로 하여 스타일의 변천을 중심으로 살펴볼 때 19세기의 복식을 크게 네 시기로 구분해서 복식에 따른 머리형태와 화장형태를 살펴보겠다.

네 시기는고전주의(1789~1815, empire style): 나폴레옹 1세 시대낭만주의(1815~1845, romantic style): 왕정복고 시대크리놀린시대(1845~1870, crinolin style): 나폴레옹 3세 시대세기 말(1870~1906, bustle style)로 구분할 수 있다.

프랑스 혁명으로 인하여 로코코시대의 극단적으로 과장되어진 머리형태는 의상과 함께 짧게 다듬은 머리와 조촐한 모자로 장식되었다. 1830년대에 들어서자 머리 모양은 더욱 로맨틱한 분위기를 지니게 되는데 가는 curl보다는 굵은 curl로 머리를 부풀려 올리는 스타일이 주류를 이루었다. 여자의 머리형태와 모자가 의상의 silhouette과 관련되어 균형을 이루면서 변하는 것은 항상 여자복식 미의 본질적 요소의 하나이다.

나폴레옹 3세 시대의 화려하고 여성적인 의상처럼 머리형도 여성적이고 얌전하면서도 품위 있는 것이 애호되었다. 크게 부풀린 로맨틱 스타일에 비해 간단한 형의 머리형태를 좋아했다. 머리 가운데에 가르마를 두고 curl된 머리를 양쪽에서 얌전하게 빗어 넘기거나 컬된 머리를 틀어 얹은머리 뒤로 높게 올리고 일부의 머리는 내려놓는 스타일 등 간단한 스타일이 유행했다. 1870년 이후 여자들의 머리형은 한층 우아하게 연출되었다. 둥글게 감거나 땋은 머리를 높게 다듬어 머리 모습 전체가 갸름하게 보이도록 했다. 1890년에 가서는 여성들도 비즈니스나 스포츠에 대한 관심이 커지면서 요란한 머리형은 불편해져 모두 단정히 빗어 올리고 모자를 썼다.

20세기가 되어서는 날씬한 실루엣에 대해 머리형이나 모자는 상체 악센트로 특징을 갖는다. 18세기의 pompadour style이 다시 유행하게 되는데 타래를 사용하여 머리가 챙처럼 이마에 뻗어 나온 형이다. 머리의 wave는 permanent wave의 시초가 되었다.

2) 사회 · 문화적 배경과 화장품 산업 발달

화장 문화의 배경이 된 사회 · 문화적 배경과 화장품 산업 발달을 세 시기로 나누어서 고찰하겠다.

(1) 1900~1945년

① 사회 · 문화적 배경

○ 20세기 대중문화시대도래

20세기 초는 과학적 진보가 활발히 이루어진 시기로 자전거를 비롯한 지하철, 자동차의 등장과 전화의 개량, 비행기 발명 등이 이루어져 국제교류의 기틀이 마련되었고, 신문과 잡지 등 인쇄업의 전동화 및 활동사진의 출현은 20세기 대중문화시대의 도래를 예고하게 되었다.

1901년 미국은 신경제 구호 정책(New Deal)을 추구한 진취적인 루스벨트 대통령이 취임했으며, 영국은 빅토리아 여왕 사망 후 에드워드 7세가 왕위를 계승하면서 새롭고 의욕적인 정책을 추진하였다. 유럽 각국은 경제적 발전과 정치적 영토 확장을 위해 제국주의 경향이 더욱 심화되었고, 이에 따른 식민지 정책은 경제적 침투까지 가져왔다. 한편 19세기 후반부터 여성의 교육과 스포츠 참여의 기회가 확대되고 여성의 권리와 사회적 참여도 크게 신장되어 '신여성(New Woman)'의 등장을 가져왔다(유송옥 외, 1996).

이 시기에 형성된 아르누보(Art Nouveau)란 '새로운 예술'이란 뜻으로 기계생산품에 대하여 손으로 만든 수공예품에 가치를 두자는 미술 수공예운동(Art and Crafts Movement)을 배경으로 한다.

아르누보 예술가들은 직선을 피하고 소용돌이치거나 서로 교차하는 곡선을 주로 사용했다. 그 이유는 그러한 곡선을 통해 자연 생물의 유동적 형태를 표현하고 사물의 본질이나 자연의 창조활동의 유기적 과정을 효과적으로 표출할 수 있었기 때문이다.

1914년부터 1918년까지 계속된 세계 제1차 대전은 그 기간이 비교적 짧았음에도 불구하고 대단히 큰 변혁을 가져왔다. 전쟁에 군인으로 나간 남자들의 공백을

메우기 위해 여자들이 공장과 기타 사회적 분야에 진출했고, 이러한 여자들의 사회적 진출은 여자복장에 합리성과 기능성을 추구하는 등의 커다란 변화를 일으키게 되었다. 그러나 전쟁 동안의 호된 내핍 생활과 긴장 그리고 억압된 의생활에 대한 반응으로 오히려 여성다움이 강조된 복식도 유행했다.

한편, 전쟁 중에도 파리는 복식으로 우아함의 창조자 역할을 계속하였으며, 대부분의 디자이너들은 전쟁 동안 살아남기 위해 수출을 해야 한다는 것을 인식했다. 특히 오트쿠튀르 패션을 미국에 수출하기 위해 전력을 다했다. 전쟁기간 동안 의복산업에 필요한 물자가 부족했으며, 숙련된 기술자들은 군수품에 관한 일에 종사했음에도 불구하고 오트쿠튀르 패션 컬렉션은 계속 이루어졌다. 각 매장들의 의상과 장신구들을 보여 주는 많은 일러스트레이션이 「엘레강스 파리지엔(Elegance Parisienne)」이라는 잡지를 통해 외국으로 배포되었으며 이 잡지는 수출의 증진을 위해 중대한 역할을 했다. 그러나 제1차 세계대전 이후 데스틸(De Stijl) 운동과 바우하우스(Bauhaus)의 설립은 국제적 영향력을 행사하게 되었고, 이로써 아르 데코는 데스틸 운동의 신조형주의(Neo-Plasticism)와 바우하우스의 기능주의에 자극을 받아 기능성과 단순화를 추구하는 경향이 가속화되었다.

아르누보가 수공예적인 것에 의해 나타나는 연속적인 곡선의 선율을 강조하여 공업과의 타협을 받아들이지 않았던 반면에, 아르 데코는 공업적 생산 방식을 미술과 결합시킴으로써 얻어진 기능적이고 고전적인 직선미를 추구했다.

아르 데코의 주요 색상인 강렬하고 밝은 색조는 미술의 표현양식인 야수주의(Fauvism)와 러시아 발레로 더욱 확산된 오리엔탈리즘(Orientalism)의 영향을 받은 것이다. 강하고 단순한 형상을 적절히 표출하기 위해 밝은 색상과 강렬하고 뚜렷한 색채 대비를 구사했다. 빨강과 검정 그리고 은색은 이 양식의 전형적인 색채 조합인데, 빨강과 검정은 기하학적 형태들의 배경이 되었고, 은색은 주요 장면과 뚜렷한 지규레(Ziggurat: 뾰족탑)나 다른 기하학적 모티브를 위해 사용되었다. 아르 데코 예술가들은 주로 크롬(chrome)을 소재로 단단하게 날이 세워진 모습을 연출하기도 했다. 색채의 특성 중 흑색의 미가 정착된 배경에는 흑인 예술의 도입(예:피카소의 '무희', 1907)과 장식의 절제 속에서 절제된 부분을 강조하는 정확한 흑색을 도입하게 된 기능주의의 영향을 들 수 있다.

또한 이 시기에는 19세기의 박스(box) 카메라의 계속된 발전으로 활동 카메라의 발명을 가져와 무성영화가 나왔는네 실제적 스타일보다는 환상직이고 우아힌 것에 대한 호기심을 고취시킨 무성영화는 의상과 장식에 새로운 영향을 주었다(정흥숙, 1990).

1910년부터 1940년대에 이르는 20세기 초반에는 급격한 사회의 변혁으로 인해 생활양식, 예술양식, 가치관 등의 변화가 일어났다. 국제관계에서 미국이라는 신세계가 부각되기 시작했고, 대서양 횡단, 영화의 발명 등은 새로운 관심거리가 되었다. 제1차 세계대전이 끝나던 1918년경 영화는 미국인들에게 빼놓을 수 없는 오락물로 자리 잡아 그레타 가보르, 마들레느 디트리히 등의 은막의 스타들이 대단한 인기를 누렸다. 이 당시 영화감상은 대중에게 가장 인기 있는 오락이었고, 젊은 여성들은 자기가 좋아하는 영화배우와 같아지려는 데 필사적이었으므로 유명 배우의 의상과 머리형태 등은 복식의 유행을 주도하였다.

허리우드의 의상디자이너 아드리안(Adrian)은 1920~1930년대 흥행에 성공했던 많은 영화 의상을 담당하였고, 여배우 그레타 가보르(Great Garbo)는 그 당시 만인의 연인과도 같은 존재였다.

제1차 세계대전 중 여성들은 종군 간호부로 직접 전선으로 출정하였고, 전쟁에 출정한 남성들을 대신하여 여성들이 공장에서 일을 하였다. 이와 같이 전쟁 중 여성의 유용함을 증명한 여성의 영향력으로 여성들이 전쟁에 참여한 나라에서는 여성들의 특권이 인정되었다. 1918년 이후 많은 나라들은 헌법에 남성과 여성의 동등성을 인정하였다. 제1차 세계대전 이후 여성들은 점차 더 많은 것을 요구하였고, 1927년경에 이르러서는 많은 여성들이 경제적인 독립을 하게 되었다. 여성들은 전문직에 종사하였고, 특히 중요한 분야는 기성복 분야로서 패션 디자인(fashion design)이 활력을 띠게 되었다.

○ 플래퍼 등장

1918년 이후 여성의 의식변화에 영향을 받아 플래퍼(flapper)라는 젊은 여성의 대명사가 생겨났는데, 이들은 자유연애를 즐기고 개성적이고 활동적인 것을 추구하여 보이시 스타일(boyish style)의 복장을 하였다. 보이시 스타일은 전쟁 후에 남녀평등을 주장하고자 하는 여성 의식의 흐름과 젊은이들이 심리적으로 젊음을 강조하고자 하는 데서 생겨났다고 볼 수 있다(백영자 외, 1994).

1929년 뉴욕의 월 스트리트(Wall Street)의 주가폭락으로 1930년대 전 세계는 생산침체, 은행파산, 상거래의 불경기로 큰 타격을 받았다. 그리하여 1920년대

의 번영과 낙관주의적 경향이 사라지고 실업자가 늘어나 현실 세계로부터의 도피처로 영화가 각광을 받았으며, 가르보(Garbo), 디트리히(Dietrich), 크로퍼드(Crawford)와 같은 화려한 영화배우가 대표적인 우상이 되었다. 한편, 의류산업에 있어서는 1938년 나일론, 아세테이트 등 신소재가 개발되었고, 지퍼(zipper)가 발명되어 단추와 훅을 대신하여 여밈에 사용되었으며, 새로운 합성섬유가 생산되어 의류소재의 다양성을 가져왔다.

○ 초현실주의 등장

제1차 세계대전과 세계 경제 대공황으로 인한 전통적 가치관의 붕괴와 인간성의 상실은 사물의 본질을 추구하는 예술사조인 초현실주의를 형성하였다. 1930년대를 대표하는 조형 양식인 초현실주의는 표현기법으로 자동기술법(오토마티즘: automatism), 위치전환법(데페이즈망: depaysment), 오브제의 도입 등이 있으며, 여기에 심리학적 요소인 성, 꿈, 무의식 개념을 도입하였다. 이러한 것들은 이성이나 미학적 규제, 도덕적 관념에 의해 통제받지 않는 직접적인 사고와 표현방식을 통하여 능동적으로 표현되었다. 대표적인 작가로는 달리(Salvador Dali), 에른스트(Max Ernst), 마그리트(Rene Magritte) 등이 있다.

제2차 세계대전 이후 여성들은 다시 가정으로 돌아와 가족을 돌보는 것에서 기쁨을 찾기 시작하였고, 전쟁 중에 가질 수 없었던 자동차, 냉장고, 자녀, 결혼, 주택 그리고 유행에 대한 열망 등의 욕구들이 분출되었다. 또한 자본주의 생산의 본성인 대량 생산에 따른 대량 소비경향이 표출되었다.

② 화장품 산업 발달

19세기 중엽부터 점차 자연과학의 발달과 함께 의학 분야의 뛰어난 발전이 이루어지면서 전기, 광선들을 이용하여 여러 가지 약제를 투여하는 방법이나 마사지, 식이요법, 비타민제의 효능에 대한 인식이 이루어졌고, 이러한 의학과 약학에 바탕을 둔 화장의 분야가 새롭게 탄생되었다.

서양의 화장품 공업 및 산업의 발달은 화장품의 기본직인 배경으로 제1차 세계대전 이후 본격화되었다.

1906년 미국정부는 순수 식품 의약품법을 제정했다. 이해에 Charles nestle이 Hot permanent 기계를 발명, 머리형태에 일대 혁명을 일으켰다. 1907년에는

Eugene schueller가 인공합성 머리염색약을 발명, Aureole이라 이름 붙였다(후에 Loreal로 바꿨다).

머리 색깔에 있어서 블론드의 모발색 유행은 지나가고 헤나 염료를 사용한 적갈색이 블론드를 대신했다. 헤나는 북아프리카 근동 지방의 습지에 재생하는 관복인데 그 잎을 건조시켜 분말로 해서 염료로 사용했다.

20세기 초의 사치하는 여성은 pears soap를 사용했다. 이것은 광고로 인해 많은 여성들이 사용하였으며, 각 화장품 회사에서 새로운 화장품이 만들어졌다. Ponds는 19세기 말 Vaseline로부터 페이스크림이나 로션을 생산했으며, 폰즈엑스트랙트크림은 미국에서 유행하여 현대 크림의 전신이 되었다. 또 매니큐어에 사용하는 왁스가 출현해서 화장품계에 새로운 분야를 열었다.

1916년 산화티타늄의 발견으로 파우더(Powder)의 품질은 더욱 좋아졌으며 대량으로 생산되었다. 이 시대의 분은 여자들에게 필수 화장품으로 색깔은 흰색, 크림(cream), 핑크(pink), 올리브(olive)의 4가지가 대표적이었고 파우더가 유행하였다. 거위털과 세무아(섀미, 또는 쌔무와, 한국에서는 보통 쌔무라고 하는 영양가죽)를 퍼프(puff)로 사용하였으므로 눈 화장은 아직은 일반화되지 않았으나 화장품 가게에서는 팔았다.

1920년 말 미국에서만 1억 8천만 달러의 화장품이 팔려 나갈 만큼 화장품 사업은 대사업이 되었으며, 파우더(분) 시장의 경쟁은 매우 치열했다. 분이 지금의 파운데이션(foundation) 기능을 하던 때여서 색깔도 얼굴색에 맞도록 종류가 많았다. 1920년부터 머리 색깔과 얼굴색이 서로 조화가 이루어지도록 하는 조화 화장법이 시작되었다. 따라서 백화점에서는 개개인의 피부와 혈색에 맞추어 주는 주문용 화장품 코너가 생겼다.

립스틱은 1920년대 들어와서 립스틱 시대라 할 정도로 애용되었다. 연고형, 액체형, 스틱형의 3종류가 대표적, 1915년 매니큐어가 지금의 립스틱의 원형인 금속 통 속에 든 막대형(stick)을 발명했다. 메이블린(Maybelline: 눈 화장 전문 제품으로 유명한 화장품 회사)은 키스해도 묻어나지 않는 립스틱을 발매했다(양덕재, 1998).

1910년부터 1930년까지 파리모드를 지배하던 뽈뽀아레(paul poiret 1979~1944)의 화장품에 대한 접근은 실패로 끝났지만 파리패션의 권위와 이에 편승한 화장품 산업은 그 이미지를 고수하면서 토털패션(total fashion)으로서 다음 세대의 파리의 유명 디자이너에게 계승되고 있다.

○ 영화스타의 모방

1930년까지 미국 전역에 2만 3천 개의 영화관이 생기고 한 해에 9천만 명이 영화관을 찾았다. 할리우드는 1년에 500편의 영화를 만들어 내 세계유행의 중심축을 파리에서 할리우드로 옮겨 놓았고 화장품과 화장의 유행에서 그동안 프랑스에 좌우되었던 미국 화장품 업계가 세계 정상의 자리에 올라서게 되었다.

화장와 의상은 할리우드 영화를 통해서 그리고 화장품은 Vogue, Harp-er's bazzar 등 여성잡지가 제품의 유행을 좌우하는 중심체가 되었다.

1930년 Fortune, 1936년 Life Magazine과 Glamour가 미국에서 창간되고, 프랑스에서는 Marie claire, Votre beaute가 선을 보였다.

영화 전문지 Motion picture, Mobie land, Modern screen은 공황 속에서도 부수가 2배나 불었다. 잡지의 화장품 광고 전성시대가 열렸다. 한 잡지에 무려 65개의 각각 다른 화장품 광고가 실려 잡지사들은 공황 속의 호황이었다. 화장품 회사들은 총수입의 10%를 광고비에 쏟아 부어 넣었다.

Max Factor는 할리우드를 지배하는 그의 화장방법은 아티스트의 위치를 최대한으로 활용, 정상의 여배우들인 Jean Harlow, Joan Crawford, Claudette Colbert를 동원해서 최초의 총천연색 전면광고를 하였다. 1936년 런던에 메이크업실을 개설하고 화장품 산업의 중심이 되었다. 이 시대의 모발의 색깔에도 변화가 왔다. 오늘날 행해지고 있는 hair bleach는 이 시대에 본격화되었다. 웰라(wella: 헤어전문제품 회사)에서 만든 인공 염색약으로 염색한 Jean Harlow의 은발머리는 모든 여성의 선망 대상이었고 염색이 유행하였다.

전쟁 중 독일 외과 수술용으로 만들어진 심이 부드러운 연필은 전쟁이 끝난 후 여성용 화장 도구로 변신하는데 이것이 아이브로 펜슬의 시작이다. 이로 인해 현시대 여성들은 아이섀도, 아이라이너, 마스카라, 아이브로우를 이용하여 음영을 주는 새로운 화장법을 받아들이게 되었다.

1936년 미국의 FTC연방공정거래위원회는 허위 광고를 방지하기 위해 광고 제한법을 제정했다. 1930년대 초에 Lash-lure라는 상표의 화장제품을 사용한 타르색소 때문에 장님이 되는 사건이 발생하였다. 미국 Franklin Roosevelt 대통령은 1906년에 제정된 식품과 의약품 법률 전면 개정, 식품의약품 및 화장품에 관한 법률을 1938년에 개정, 제정했다. 화장품이 드디어 정부의 제재를 받게 된 것이다(박정훈, 1990).

　○ 과학적 방법으로 화장품제조

　1930년대 화장품 업계는 감과 경험 그리고 전통으로 내려오던 민속 처방에 따라 주먹구구식으로 화장품을 만들던 방법에서 과학시대로 옮겨갈 수밖에 없는 '대변혁'을 맞는다. 과학적 이론, 실험 그리고 증거가 뒷받침되는 화장품의 과학시대가 열렸다. 1931년 Atlan powder co는 sorbitol을 최초로 발견, 지금까지 humectant로 사용되고 있다. Jergens 회사는 무균 화장품을 제조, 당시로서는 진보된 아이디어로 평가받았다. Griffith laboratory의 Lloyd Hall 박사는 화장품 색소의 산화 살균법을 발견했다. Mearl Corporation은 천연 진주 에센스를 추출, 보는 각도에 따라 색깔 변화를 보여 주는 진주 엣센스를 개발했다. 파우더 립스틱, 루주 등에 진주 색상을 혼합, 새로운 유행을 만들어 냈다. 화공약품 회사 Monsanto는 sanolite resin을 개발, 그때까지 붉은색 한 종류인 네일 컬러에 여러 가지 색깔 변화를 주어 인기를 끌었다. 이것은 진주광택 색깔과 비슷한 기능을 갖고 있어 손톱에 바르면 보는 각도에 따라 여러 가지 색으로 다르게 보인다. 전복 껍질인 자개가 보는 각도와 광선에 따라 오색 무지갯빛으로 보이는 것과 비슷하다.

　○ 퍼머넌트 웨이브의 탄생

　제2차 세계대전 중에 미국에서는 그때까지 전기를 사용해서 만드는 퍼머넌트 웨이브에 비교해서 획기적인 약품을 사용해서 웨이브를 만드는 콜드 웨이브약제가 발명되었다. 화장품의 종류는 다양해져서 파우더, 베이스크림, 아이섀도, 각종 크림류도 제조되었다. Elizabeth arden에서 호르몬 크림을 발표했다.

　전쟁 상태에서 화장품은 사치물품으로 분류되어서 생산에 제제를 주었으나 많은 여성들의 욕구로 인하여 필수품으로 분류되었다.

　○ 제2차세계대전의 영향

　미 국방성은 군용화장품 개발을 위해 4천 가지 화합물을 연구했다. 태평양 전투에서 모기를 퇴치하고 일사병과 자외선에 의한 화상을 방지하고 적진 침투를

위한 위장용 화장품 개발을 Max Factor에 의뢰했다. Max Factor 2세는 위장용 화장품을 색깔, 지형, 위장용으로 분류, 눈이 많은 지역, 사막용, 정글용으로 구분해서 개발했다. 위장용으로 commando makeup, 태평양의 일본군과의 전투에서 가장 큰 장애였던 화상 방지용 앤타이썬번 립스틱은 성공 작품이었다.

연합군의 모든 화장품 공장은 군수품 생산으로 전환했다. 영국의 Yardley는 사하라 사막 전투에서 사용될 선크림을 생산했고 미국 Revlon은 응급치료용 구급대를 만들었다.

전쟁 중 군용 화장품 개발은 화장품 업계의 신제품 개발의 가장 중요한 역할을 했다. 이것은 1950년대의 화장품 산업을 활짝 꽃피게 하는 밑거름이 되었다. American cholesterol product inc는 Lanolin으로부터 Cholesterol을 분리 추출했고 화장품과 약용으로 개발했다. 적국인 독일의 Goldschmidt 회사는 전쟁 중 화약의 원료였던 Glycerol을 화장품의 연화제로 개발해 화장품의 가장 중요한 성분이 되게 했다.

화장품이 '프랑스 시대'에서 '미국의 시대'로 바뀌게 된 것이다. 프랑스는 향수, 화장품 모두 미국에게 패권을 넘겨주었고, 화장품 원료인 염료와 화공약품의 권좌를 누려온 독일은 미국에 그 명성을 넘겨주게 되었다. 전쟁의 피해를 입지 않은 미국을 제외한 프랑스, 영국, 독일이 전쟁의 잿더미에서 일어서자면 적어도 7년 이상의 기간이 필요했던 것이다. 전후 미국은 전쟁 중 개발한 기술과 풍부한 기술인력과 두뇌 그리고 자원을 무기로 미국의 영향력을 전 세계에 행사했다.

(2) 1945~1970년

① 사회 · 문화적 배경

전쟁 후 유럽은 정신적으로나 물질적으로 재생을 위한 힘이 필요하였다. 초강대국인 미·소 대립을 축으로 하는 이념의 대립을 가져오고, 미국은 경제, 문화적으로 선두의 자리에 위치하게 되었다. 미국의 소비주의 풍조로 1회 용품의 사용이 증가하었고, 영화의 영향으로 영화배우 스타일이 10대 등 사이에서 인기를 끌었다. 1950년대 젊은이들은 패션에 대한 관심을 추구할 수 있는 재정적 능력을 소유하게 되었고 가정 내에서는 아이들이 중심이 되었다. 따라서 이들을 대상으로 한 레코느, 화상품, 잡시 그리고 주니어 패션이 등장하였다. 님싱과 어싱에게 새로운 역할 능력이 부여되었고 새로운 직업, 발명, 매체, 인구변동, 연예인, 스포츠에 대한 관심도 증가하였다.

○ 스크린 스타의 영향 확대

이들 젊은이들의 우상으로까지 부상했던 스크린 스타들의 영향도 빼놓을 수 없다. 이들 스타로는 젊은이들의 반항심리와 불안정한 시대에 대한 그들의 혼란스러움을 그대로 영화 속에 표현하여 그들의 우상이 되었던 제임스 딘(James Dean), 깜찍한 외모와 왜소한 몸매로도 여성의 아름다움을 한껏 발휘한 오드리 헵번, 우아한 몸매와 그에 걸맞은 패션으로 사랑을 받았던 그레이스 켈리 등이 있으며, 이와는 다른 분위기의 마릴린 먼로는 지금의 마돈나와 같이 그 시대를 대표하는 섹시 스타로 그녀의 글래머스한 육체적 연기와 패션은 모든 여성들이 모방했다.

한편 과학에 있어서는 1957년 구소련이 최초로 인공위성의 발사 실험을 하였고, 경제적으로는 대량 마케팅과 유통경제의 영향력이 증가하였으며, 사회, 기술적인 변화의 속도가 점점 빨라졌다. 전쟁의 공포는 예술가들로 하여금 현실의 세계와 자연적인 사물에서 벗어나게 하여 1950년 중반에는 액션 페인팅(action painting)과 추상 표현주의(abstract expressionism)가 절정에 달했다. 1930년대의 현실 도피주의적인 초현실주의의 영향이 지속적으로 이어져 최대의 현실 도피주의적 예술인 발레가 인기를 끌었으며, 빅토리아와 에드워드 시대에 대한 향수가 나타났다(유송옥 외, 1996).

제2차 대전의 영향으로 유럽은 재건을 위한 힘을 필요로 했고, 전쟁의 영웅인 미국은 경제적·문화적으로 초강대국으로 도약할 수 있는 계기가 되었다. 세계는 미국·소련의 이념 대립을 축으로 하는 양극주의 사회가 시작되었다.

전쟁의 물질적인 어려움에 대한 반발은 물질주의를 불러와 여러 가지 사치품이 등장하였다. 미국 영화의 영향으로 미국 컨트리풍 스타일이 젊은이들 사이에서 인기를 끌었고 대중가수와 영화배우들의 스타일이 크게 유행했다. 엘리자베스 테일러(Elizabeth Taylor)와 에바 가드너(Ava Gardner)는 그들의 숨은 관능적인 모습과 통통한 몸매로 많은 사람들에 의해 50년대의 매혹적인 이상형으로 제한되었다. 그레이스 켈리(Grace Kelly)와 오드리 헵번(Audrey Hepburn)은 세련미와 우아함으로 대표된다. 오드리 헵번의 영화 의상은 성공한 새로운 디자이너 지방시(Givenchy)에 의해 디자인 되었으며, '사브리나 페어'와 '파니 페이스'에서 헵번의 의상은 그 시대의 최고 멋진 패션 영화 의상이었다. 헵번의 짧은 머리 모양과 불규칙한 형태의 앞머리가 역시 찬사를 받았으며 모방되었다. 이태리의 소피아 로렌(Sophia Loren)과 지나 롤로브리짓다, 프랑스의 브리짓 바르도(Brigitte Bardot) 같은 유럽 영화배우들은 그들의 자연스러운 모습과 각선미와 성적 매력은 많은 젊은 남녀들이 동경했다(정현숙 역, 1992). 특히 소녀들은 마릴린 먼로, 소년들은 엘비스 프레슬리(Elvis Presley)와 제임스 딘과 같은 이미지를 선호하였다.

　ㅇ 주니어 패션의 등장

　젊은이들이 패션에 대한 관심을 추구할 수 있는 재정적 능력을 소유하게 되었고, 전쟁으로 파괴되었던 가정과 가족에 대한 가치를 중시하게 됨에 따라 가정에서 아이들의 위치가 중요하게 되었다. 따라서 이들을 대상으로 한 레코드, 화장품, 잡지 그리고 주니어 패션 시장이 나타났다.

　자본주의의 급속한 발달로 여성의 지위가 향상됨에 따라 여성에게 새로운 역할 능력이 부여되었고, 새로운 직업, 발명, 매체, 인구변동, 연예인, 스포츠에 대한 관심도 증가하였다.

　전쟁과 같은 현실로부터 벗어나려는 현실 도피주의가 예술계를 초현실주의로 이끌었고 최대의 도피주의적 예술인 발레가 인기를 모았다. 빅토리아와 에드워드 시대의 안락함에 대한 향수로 그 시대를 배경으로 한 드라마와 코미디 프로그램이 큰 인기를 얻었고 그 시대의 의상이 매력적인 추억의 하나로 떠올랐다. 또한 비교적 전쟁의 영향을 받지 않은 남미와 멕시코에 대한 관심이 고조되었다.

　미국은 아이젠하워 대통령의 보수주의와 냉전의 체제에서 젊고 활력 있는 진보 체제의 케네디 대통령의 새로운 시대로의 첫발을 내디뎠다. 하지만 케네디의 암살과 베트남전은 격렬한 학생 시위운동과 민간단체의 반전운동을 야기하였다.

　60년대 초반에는 편안한 물질주의를 추구했으나, 후반에는 젊은이들이 기성세대에 도전하면서 물질주의에서 탈피하려는 경향을 보였다. 이들은 직업을 포기하고 공동체 생활을 하거나 마약복용 등으로 현실을 도피하는 것으로 표현하였다.

　잡지, TV, 영화 등 대중매체의 발전은 대중문화의 급속한 발달을 가져와 컬러 텔레비전(color TV)과 자동차(car), 쿨러(cooler)가 일반화되는 3C 시대로 변화되면서 대중문화의 영향이 더욱 확대되었다. 잡지모델, 패션모델 등이 새로운 패션리더로 등장했고, 잡지의 기능 역시 단순히 여성들의 미에 대해 알려주는 것이 아니라 앞으로의 패션경향과 유행의 방향을 예측하고 제시해 주었다. 유행의 선도자들은 이러한 대중매체를 통해 유행을 확산시켰고 유행을 더욱 가속화시키는 계기가 되었다. 또한 아폴로 11호가 달 착륙에 성공하는 역사적인 현장을 지구촌의 모든 가족이 함께하면서 우주와 과학에 대한 관심이 커졌다. '작은 것이 아름답다'는 철학으로 버블카, 미니카와 휴대가 가능한 전자제품의 발명과 같은 기술혁신을 이루어 내었다.

영국은 그동안의 진부하고 시대에 뒤떨어졌다는 이미지에서 탈피하여 스윙런던(Swinging London), 비틀즈(Beatles)와 롤링 스톤즈(Rolling Stones)의 음악, 카나비 스트리트(Canaby Street), 첼시 부티크(Chelsea Boutique)와 미니스커트(mini skirt)가 유명해지면서 전 세계적으로 라이프스타일과 패션에 커다란 영향을 끼치게 되었다(조규화 역, 1992).

이 시기의 대표적인 예술형식은 옵아트(op art), 팝아트(pop art), 미니멀리즘(minimalism)과 같은 현대적 감각의 새로운 예술사조가 젊은이들 사이에서 크게 성행했다.

옵아트는 조형예술로서 1950년대 말과 60년대 초에 걸쳐 전개되었다. 인간의 눈에서 이루어질 수 있는 모든 작용이 조형의 바탕이 된다고 보는 옵아트는 기본적으로 시각적 착시효과의 개념으로부터 출발하였다.

② 화장품 산업 발달

1950년대는 TV와 잡지가 화장품 광고 시장을 선도해 나갔다. TV와 잡지에 등

▲ 그림 1-45. 비틀즈(Beatles)

장한 화려한 모델은 사춘기 소녀의 또 다른 우상이 되었다.

1950년대 이후의 화장품 산업은 십대의 등장으로 더욱 확대된 시장변화 속에서 한층 더 우수한 기능적인 제품의 개발과 다양한 타깃에 맞추어 차별화된 상품으로 소비자의 구매를 촉진하였다. 이렇듯 20세기에 들어와 화장품이 산업화하기 시작한 이래 화장품 공업이 산업상 지니는 가치와 중요성에 대한 인식이 계속 증가되었다. 선진국에서는 화장품이 소득 수준의 향상에 따라 수요가 증가하는 소득 탄력성이 큰 상품으로 이미 고부가가치 산업으로 육성되고 수출 상품화되어 왔다(대한화장품공업협회, 1998).

1950년대 들어와 화장품 제조기술의 과학화, 판매기법도 기획단계에서부터 소비자의 구매동기와 경향을 분석하고 소비자의 심리를 정확히 파악하는 과학적 분석법으로 발전했다.

1950년대 중반부터 TV광고의 위력이 나타나기 시작, 잡지광고 시대는 천천히 그 자리를 TV에게 물려주지 않을 수 없게 되었다. 1953년, Elizabeth 영국여왕의 대관식 생중계에서 레블론(Revlon) 사는 TV광고를 가장 효과적으로 이용, 화장품 업계에서 확고한 자리를 차지했다.

1953년 Max factor사는 최초의 콤팩트 파우더를 생산하였고, 젊음이 유난히 강조된 1960년대는 베이비붐 세대들이 사회전반에 영향력을 행사하는 강력한 세력으로 등장했다. 1960년대 중반까지 프랑스 인구의 3분의 1이 20세 이하의 청소년이었고, 미국은 전체 인구의 2분의 1이 20세 이하였다. 이들의 구매력은 화장품 업계의 표적이 되어 화장품 업계는 이들의 구매력을 극대화시키기 위해 유행의 회전을 빠르게 만들고, 그들의 욕구를 만족시켜 주기 위해 젊음을 돋보이게 할 수 있는 틴에이저 스타일을 만들어 냈다. 풍성한 eyelashes(인조속눈썹), false freckle(가짜 주근깨), 장밋빛 볼, 분 안 바른 윤택한 피부가 돋보이는 모습이었다. 이상적인 몸매 역시 막 피어나 물이 오른 꽃망울 같은 사춘기 소녀의 체격이 미인의 표준형이 되었다.

1960년대 업계의 가장 큰 변화는 방문판매 업체인 non allergic 화장품을 선전한 Avon의 기록적 성장으로 전 화장품 업계 총매출의 5분의 1인 20.7%를 차지하고 미국 국내에만 10만 명의 방문판매인이 있었다. Vogue 잡지에서는 알레르기에 대해서 기사를 쓰고, non allergic 화장품은 프랑스나 미국에서는 논란이 많았다.

랑콤(Lancome)은 업계 최초로 1969년도에 수분 크림을 개발했다. 1968년 Orlane은 amino산이 배합된 주름살 방지 크림인 크림을 발매했다. 1962년 Clairins는 업계에 충격을 준 가슴 커지는 크림 tensur bust를 최초로 생산, 가슴 작은 여자들의 호응을 얻었다. 1960년대 업계의 최대 화제는 디자이너 Mary Quant의 히트작 paint box였다. 모든 화장형태 도구와 화장품을 예쁜 장식의 통속에 몰아넣고 유머러스한 이름을 붙인 것이 의외로 틴에이저 사이에 폭발적 인기를 끌었다(양덕재, 1998).

(3) 1970~1998년

① 사회·문화적 배경

○ 포스트 모더니즘 사고

1984년 말부터 등장한 앤드로지니어스 룩은 "남녀 공용의 의복"이라고 표현될 수 있다. 여성복의 매니쉬 현상과 80년대에 들어와 부각되고 있는 짧은 커트 머리형태, 보이조지 같은 록(rock) 가수들의 여장이나 남장의 화장과 자유롭게 남녀 의복을 겹쳐 입은 무대 위에서의 복장 등에서 생겨났다. 자유로운 감성을 기초로 일정한 형이 없이 남·여 모두 입을 수 있는 복식의 코디네이트, 남·여 의복의 단품을 한 외관에 코디네이트시켜 융합함에 따른 이미지 변화, 그리고 여성 복식에 남성복의 요소를 도입하거나 자유로운 변형에 의한 이미지 변화 등으로 표현될 수 있다.

1990년대 전반부의 패션은 경기 침체, 걸프전의 영향으로 구시대로의 복고적 향수가 새로운 세기를 맞이하는 세기말적 경향과 공존해서 나타난다. 또한 계속되는 포스트모더니즘 사조의 영향을 합리적으로 수용하여 특별히 어떤 양식이 정해져 있지 않고 잘 어울린다고 느껴지는 것을 규칙에 얽매이지 않고 표현하는 다양한 스타일이 혼합되는 양상으로 발전하고 있다. 따라서 1990년대의 대표적인 스타일은 크게 자연주의(natural)와 이국풍의 민속주의(ethnic), 복고주의(retro), 재활용주의(recyclic), 테크노풍의 미래주의(techno)로 구분된다.

단순한 디자인에 천연의 자연 소재를 이용한 자연풍 스타일은 공해로부터 지구를 보전하자는 환경 문제의 대두와 함께 '에콜로지(ecology) 룩'을 지향하면서 천연 소재와 자체의 색상 그대로 사용하는 그린패션(green fashion)을 90년대의 주요 패션 테마로 등장시켰으며, 재활용 소재를 의상에 이용한 재활용주의 경향으로 패치워크나 그런지 룩이 등장하였다.

② 화장품 산업 발달

○ 기능성 화장품 시대 출발

1980년대 업계의 가장 큰 기술적 성공은 팔리머(polymer) 합성고분자, 분자량이 수천에서 백만 이상의 범위에 있는 거대 분자들로 우리 생활 주변의 물건은 대부분 고분자로 구성되어 있다. 고분자는 자연에 존재하는 것으로 모래 같은 무기 고분자와 생명체를 구성하는 유기 고분자로 나뉜다. 인 셀룰로오스(cellulose)를 이용해서 마스카라의 수명을 늘리고 속눈썹을 풍성하게 보이게 하는 제품 개발에 성공, 아이화장에 혁명을 일으켰다. 시세이도의 워터프르프 마스카라(water-proot mascala) elizabeth arden의 twice as thick 등이 대표적 제품이다(THE FACE OF THE CENTURY, 1994).

1990년에 들어 케라틴(keratin, 피부를 구성하는 단백질)을 혼합한 더 우수한 제품들이 쏟아져 나왔다. 화장품 업계에도 컬러컴퓨터 시대가 열려 피부의 질감, 균형, 색깔을 분석할 수 있는 컴퓨터 구입에 막대한 투자를 하기 시작했다.

1980년도에 또 하나의 혁명적 공법인 리포좀(liposome) 방식이 랑콤의 Rosemarie Handjani의 손으로 개발되었다. 같은 무렵에 크리스찬 디올의 의뢰를 받은 세계적 명성을 가진 파리의 파스퇴르 연구소에서도 리포좀 공법을 개발하였고, 디올이 Capture란 상표로 시장에 내놓아 여성들의 환호를 받았다.

1990년대는 의학의 발달로 인하여 평균 수명이 연장됨에 따라 여러 측면에서 노인 문화를 정착시키려는 노력이 이루어지고 있는 것처럼, 젊음을 더 오래 유지시키고 싶은 욕구를 충족시키기 위하여 노화방지 및 지연을 목적으로 하는 화장품의 개발이 눈에 띈다. 보습효과 또는 세포 활성화 효과가 뛰어난 성분들을 동식물의 천연 원료로부터 추출해 내거나 새로운 활성 성분을 개발하여 피부노화에 보다 근본적인 해결을 도모하려는 노력이 이루어지고 있는 것이다. 따라서 인지질로 이루어진 리포좀이나 그와 같은 구조로서 1,000배나 더 미세한 L.N.Y(lamella nano vesicle) 같은 마이크로캡슐 속에 활성 성분을 함유시켜 피부 깊숙이 둘러싸서 보다 신선하게 효능을 유지시키는 등의 방법을 개발하게 되었다. 피부에 대한 안정성을 위하여 합성 유화제를 배제할 수 있게 된 것도 공정 혁신 중의 하나로 꼽힌다. 이 밖에도 공해 오염 또는 오존층의 파괴로 인한 자외선의 유해성에 대한 인식으로 외부 자극에 대한 방어효과를 주는 화장품이 거의 필수적인 조건으로 등장하게 된다.

20세기 한국의 미용문화

01

화장의 변화

서양 화장이 개화 이래로 유입되어 우리나라 화장 문화에 수용되어 변천해 왔는데, 서양 화장이 우리의 전통 화장 문화와 접목되기 이전의 우리나라 전통 화장의 특징을 먼저 살펴보았다.

근대 이전 우리나라 화장 문화의 특징을 먼저 살펴보면, 첫 번째 특징은 우리 민족이 일찍부터 매우 높은 미의식을 가지고 아름다움을 가꾸는 데 많은 관심을 기울여 온 민족이라는 점이다. 이러한 사실은 단군의 건국신화에도 나타나고 기타 기록을 통해서도 증명되고 있다(전완길, 1994).

두 번째 특징은 화장 문화의 이원화 현상이다. 이는 고려시대부터 본격적으로 나타나는 기생이나 직업여성이 하는 짙은 화장과 일반 여성이 하는 엷은 화장으로 나누어지는 현상을 말하는데, 이러한 현상은 오늘날 사람들의 의식 속에서도 그 잔재가 남아 있다(조효순, 1995).

세 번째 특징은 옛날 여성들의 아름다움은 우선 얼굴형에 따라 가려졌다는 점이다. 대체로 갸름한 형, 오동통하고 둥근형, 그리고 달걀 같은 형이 좋아하는 얼굴 모양이었다(주매숙, 1994).

네 번째 특징은 옛날 여인들은 비교적 간단하고 단순한 '간결의 미'를 추구했다는 점이다. 이를테면 반달 같은 눈썹, 얇은 눈매, 마늘쪽을 뚝 떼어다 붙인 듯한 코, 앵두 같은 입술, 환한 얼굴을 선호했는데 이러한 점은 흰 피부, 검은 눈썹, 작고 붉은 입술, 불그스레한 볼 화장을 한 옛 그림의 화장 색조에서도 그대로 나타나고 있다(전완길, 1994).

다섯 번째 특징은 특히 흰 피부를 좋아하고 숭상했다는 점이다. 남녀 모두 흰 피부를 좋아해 일찍부터 미안수를 만들어 사용하고 꿀 찌꺼기를 펴 발라 팩을 했으며, 오이꼭지로 문지르기도 하였다(김은주, 1989).

개화기 때는 화장 문화의 유행 변천이 크지 않기 때문에 1940년까지 한 시기로 그 이후는 10년 단위로 나누어 고찰해 보자.

1) 1900년~1930년대

개항과 한일합방에 따라 실로 다양한 문물이 유입됨과 아울러 생활관습에 큰 변화를 가져왔다. 우선 여성의 매무새를 보면, 쪽머리와 댕기머리 대신에 파마가 유행하고, 치마는 짧아지고 소매 길이도 짧아졌다. 또 뾰족 구두(하이힐)에 양산을 받쳐 든 모습이 점차 일반화되었다. 일반적으로 분이 뽀얗게 발라지고 입술연지의 새빨간 색깔이 진해지고 향수의 향내와 비누의 향내가 강렬해졌다. 그러나 이러한 신식 화장법과 신식 차림은 적잖은 반발에 직면하였고 대중화에 한계를 노출시켰다.

그 원인은 첫 번째 이러한 신패션이 기생과 창녀 등 하류 여성들에게 먼저 유행하였기 때문이다. 어느 사회에서나 새로운 패션이 사회활동을 하는 여성들에게 먼저 유행하는데, 당시 우리나라에서는 여성의 사회참여가 전무한 형편이었고, 사회활동은 기생과 창녀 등 직업여성들에게 한정되어 있었다. 그 시대의 유행은 상류사회에서 하류사회로 파급되지 않고, 하류사회에서 상류사회로 파급되었기 때문에 그 전파에 많은 장애가 있었다. 가문과 개인의 명예, 그리고 전통을 중시했던 당시 사람들로서는 그들이 경멸했던 기생, 창녀 등 하류 직업여성들의 멋 내기를 수용할 리가 없다. 이는 향수·향료의 사용 관습에도 일찍이 반영된 바 있다. 이는 우리나라 사람들은 고조선 사회부터 향을 실생활에 사용하기 시작하여 손님을 맞을 때와 차를 한 잔 마실 때에도 반드시 향을 사르곤 했었는데 고려·조선시대에 기생들이 향을 애용하고 복용하기도 하는 등 기생, 궁녀, 창녀가 짙은 향내를 발산하자 일반인들이 이들과 차별화하기 위하여 향을 애용하되 느낄 듯 말 듯 엷은 향 선택으로 선회한 예와 같은 논리이다.

두 번째 직업여성들의 치레, 즉 새로운 패션이 신여성들에 의하여 유행된 것이 문제였다. 한일합방 이후 신학문을 배워야 하고, 여성도 깨우쳐야 한다는 사회풍조가 진작됨에 따라 여성들이 일본에 건너가 신학문을 연마하였는데 그들이 자유연애 주창자라고 생각되었기 때문에 이들 신여성들은 대부분 도덕적인 문제를 야기하였다. 즉 신여성들은 본인의 의사와 상관없이 부모의 뜻에 따라 배우자를 선택했던 것과 달리 본인들의 의사에 따라 배우자를 선택해야 한다는 자유연애—그러나 자유연애는 여기에서 한걸음 진보하여, 좋으면 만나고 싫으면 헤어진다는 혼인과 이혼마저 자유라는 논리로 비약하였다. 이와 같은 시인, 화가, 음악가 등 소위 선구적인 신여성들의 자유연애론은 도덕적으로 완벽함을 자랑했던 당시 사람들에게 매우 충격적이었다. 따라서 이들의 신패션마저 비난의 대상이 되었는데 더욱이 이들의 신패션이 직업여성들의 차림과 유사하여 비난을 증폭시켰고, 여염에서는 보수 회귀성향(전통화장 고수)을 나타냈다. 그러니까 신식 화장품을 사용하되 전통화장을 하였지 신화장법을 수용하지 않았다(전완길, 1995).

세 번째 장애 요인은 일본의 대한제국 합병에 대한 반발 심리였다. 일본에게 나라를 빼앗긴 원인이 개화가 늦은 탓이기 때문에 근대화를 가속시켜야 한다는 계층이 없지 않았지만 대부분 개화풍은 곧 일본풍이라고 여겼다. 뿐만 아니라 패션과 도덕의 붕괴가 개화는 아니라고 생각하였기 때문에 신화장의 유행이 가속화되지 못하였다.

네 번째, 언론의 영향을 들 수 있다. 1920~1930년대의 신문을 보면 요즘보다 더 많은 지면을 패션에 할애하였다. 즉 모자와 옷과 관련된 기사를 비롯하여 화장품의 선택법, 보관법, 자가 제조법, 그리고 흰 피부 가꾸기, 여드름 치료법, 젊음을 항상 유지하는 법, 여학교를 갓 졸업한 사회 초년생의 화장법, 중년 부인의 화장법 등 거의 매일 멋 내기 기사를 게재하고 있는데, 이 기사들을 분석해 보면 한 가지 두드러진 특징이 있다. 엷은 화장, 점잖은 화장, 박화장 등 표현은 다르나 내용은 같은데 희고 깨끗한 피부를 바탕으로 분을 약간 바른 화장법이다. 이러한 화장법은 전통적인 담장[1]과 유사하였다. 즉 맑고 희고 깨끗한 피부 위에 안 한 듯 분바른 형태로서 엷고 점잖은 분위기를 자아낸다. 색조 화장보다는 기초화상에 가까우며 코가 낮거나 입술이 작거나 광내뼈가 불거진 경우, 화장품으로 교정하는 것이 아니라 타고난 모습 그대로 가꾸도록 하였다(전완길, 1995).

---

1 담장: 피부를 희고 깨끗하게 가다듬는 정도의 단백한 멋내기 옷을 단정하게 차려입고 단아한 빗질에 요즘 기초화장만 한 경우가 이에 해당한다.

근대 이전에는 대체로 양반이나 특수층을 중심으로 전통화장이 행해졌을 뿐이었고 서민들 대다수한테까지 보편화되지는 못했다. 그러나 개화기에 들어서면서 여성들이 안방문화에서 탈피, 자신을 표현하려는 욕구가 강해졌고, 이에 따라 아름다움을 추구하는 미의식에도 더욱 적극성을 띠는 등 많은 변화가 일어났다.

개항기의 서양문화가 유입되면서 두 가지의 다소 상이한 양상으로 진행되었는데 그 하나는 일제에 의한 무단정치의 일환으로 강제적 복식문화의 이식이며, 또 하나는 선교사들에 의해 전래된 실용적인 서양 복식문화이다. 따라서 전자의 경우 문명개화가 아니라 일본인의 무릎 아래 굴복하는 것이라 생각하여 양장, 양복, 서양식 치장까지 혐오와 거부의 대상이 되었다. 그러나 후자에서와 같이 종교, 교육적인 측면에서 서양 복식문화가 유입되는 것은 정치적인 측면에서 느꼈던 충격보다 그 정도가 약하고 국민의 반발이 심하지 않아 전도 부인들과 일부 학교를 통해 양복과 개량한복, 서양식 치장이 비판과 탄식 속에서도 차츰 수용되어 갔다(유송옥, 1987).

개화기부터 해방까지는 한마디로 재래 화장품과 화장법이 신식 화장품과 화장법으로 대치되거나 교체되는 시기라 할 수 있다. 추구하는 효능에서는 신식 화장품과 재래 화장품 사이에 큰 차이는 없었지만, 입술 연지색이 짙어졌고 향수와 비누의 향내가 강해지면서 화장의 변화된 모습을 보였다. 따라서 당시에는 신식 교육을 받고 서양 문화를 받아들인 신여성들이 쪽머리에서 파마머리로 바꾸고, 치마와 소매 길이를 짧게 하며 뾰족 구두를 신고 양산을 받쳐 든 맵시 있는 모습으로 등장하였는데, 이러한 신여성의 화장과 옷차림은 기생과 접대부들 사이에서는 유행되었지만 일반여성들에게는 반발과 기피의 대상이 되어 오히려 일반 여성들의 화장 색조가 종전보다 더욱 엷어지게 하는 결과를 초래하기도 하였다.

2) 1940년대(1939~1949)

1945년 8·15광복과 함께 서양문명이 물밀듯이 밀려옴에 따라 화장에 대한 의식도 급격히 변화하게 되었다. 그러나 실제로는 머리형태와 복식만이 급변했을 뿐이었고, 일반 여성들의 화장에 대한 자세는 퍽 소극적이어서 광복 후 일본과 유럽 등지에 나가 있던 사람들이 귀국하면서 기초 화장의 마사지 기법이 국내에

보급되는 정도였다.

1950년 6·25전쟁이 발발한 뒤에는 미군을 비롯한 유엔군의 주둔으로 직업여성들이 크게 늘어났다. 이로 인해 이들 여성들의 외양이 하나의 유행을 이루게 되었으며, 일부 여성이 이러한 저급 문화를 무조건 추종함으로써 사회적인 비난을 받기도 하였다.

한편 당시에는 선진 외국과의 활발한 문화교류로 외국 영화도 수입되고 영화제작(무성영화:1903년, 천연색영화: 1949년)도 활발하게 이루어졌는데, 이러한 영화에서 아름다운 여주인공이 보여준 머리 모양이나 차림새가 유행을 하였다.

3) 1950년대(1949~1959)

1950년대의 화장 문화는 화장에 대한 기초 지식과 정보가 부족했기 때문에 단순한 모방 차원에 머물 정도였다. 그러나 1960년에 접어들면서 피부 손질에 대한 인식이 높아졌고, 이에 따라 기초 제품을 중심으로 새로운 화장 문화가 싹트기 시작했다. 우선 화장의 제일을 청결로 여기고 세안에 관해 많이 강조하였는데, 특히 센물을 연수로 만들어 사용하거나 비누를 잘 선택할 것을 역설하였다(이능희, 1995).

화장은 피부톤을 약간 밝게 하고 눈썹은 두껍고 진하게 그리는 것이 가장 대중적이었으며, 여기에 긴 속눈썹을 붙이고 아이라인을 길게 빼서 그려 줌으로써 눈매를 강조했다. 또한 눈 화장을 할 때는 아이홀에 살굿빛이나 살색 아이섀도를 바르고 안쪽 하이라이트 부분은 더욱 밝은 색을 발라 입체감을 살리기도 하였다.

당시 기초 제품의 으뜸은 콜드크림으로 일명 만능 크림이라고 불렸다. 화장을 지울 때, 밑 화장용, 또는 마사지용으로 폭넓게 사용되었던 이 콜드크림은 현재의 콜드크림(마사지크림)과는 쓰임새가 약간 달랐다. 또 이때에는 화장수, 유액, 클렌징크림과 같은 제품 외에 오이, 계란 등을 이용한 천연팩이 유행하였고 흰 얼굴을 선호하는 경향으로 표백 팩을 많이 하였나. 그리고 일반 여성들은 표백(후렉클), 홀몬, 벌꿀크림 등 약용크림도 많이 사용하였다.

50년대 후반(종전 이후)에는 일본에서 들어오는 「부인 생활」 등의 여성잡지 등을 통해서 개성을 살리는 화장법이 알려졌고 그래서 팬케이크 화장법, 파운데이션 화장법 등이 알려졌다.

일제 강점기 말기의 멋쟁이 여성들 사이에는 벌써 밑화장으로 바니싱크림을 쓰는 것이 일반화되었지만, 이제부터는 콜드크림으로 마사지하여 피부가 윤기 나는 화장이 유행되어 그 화장법이 보급되었다. 그래서 지금까지의 흰 분가루를 바르는 뿌연 화장법과는 정반대의 효과를 갖는 매끈하고 번들거리는 화장법이 급속히 퍼져 나갔다. 50년대 중반부터 외국에서 수입한 총천연색 영화인 '분홍신', '파리의 아메리카인' 등이 상영되면서부터 여배우의 피부색인 핑크계의 화장이 유행하였다. 50년대 미스 유니버스 선발대회가 행해지면서 우리나라에도 미스 코리아 선발대회가 있었고, 미인의 조건은 얼굴뿐만 아니라 체격도 잘 생겨야 한다는 뜻에서 8등신이란 말이 생겼으며, 이 용어는 그 후 미인의 대명사로 사용되었다.

50년대 후반부터 지금까지 사용되던 빨간색의 립스틱이 핑크 계통의 립스틱, 파운데이션으로 바뀌어져 쓰이기 시작했다. 이것은 영화가 컬러로 된 영향도 있다고 하겠다. 동시에 굵고 확실한 눈썹이 여성들의 동경의 대상이 되었다. 이 눈썹과 더불어 그 쇼트 머리형태가 먼저 패셔너블한 여성의 스타일로서 일반 여성에 퍼져 나갔다. 50년대 후반부터 60년대 전반기까지는 영화산업의 전성시대여서 '에덴의 동쪽', '바람과 함께 사라지다' 등의 양화며, '자유부인' 등의 방화가 많이 상영되어 이런 것을 통해서 화장법이 널리 유행되었다. 헵번커트가 유행하면서 사브리나 팬츠, 사브리나 슈즈 등의 패션도 외국영화에서의 영향이 컸다. 50년대 후반에는 영화관이 여러 곳에 신축되었으며, 여성들은 영화에 의해 외국의 패션을 친근한 것으로 받아들이기 시작하였다. 그러나 머리형태는 화장술 면에서 서양식의 미를 추구한 나머지 자연스럽지 않고 인위적인 느낌이 강했다.

4) 1960년대(1959~1969)

60년대에도 유분이 많은 액체 타입으로 일부에서는 라놀린오일을 조금 덧발라 더욱 광택 있는 피부표현을 하는 화장이 계속 유행했다. 60년대 화장 패턴을 크게 두 가지로 나누면 하나는 얼굴 모습을 있는 그대로 잘 살리는 자연스러운 화장이고, 다른 하나는 눈을 강조한 화장이었다. 눈 화장은 청색 아이섀도를 조금 바

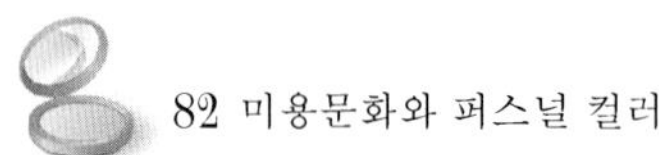

르거나 아이라인만으로 눈의 윤곽을 강조했다.

60년대의 화장 문화는 일본식 대신에 미국식, 즉 유럽풍의 신화장이 유입되었으나 당시로는 직업여성을 중심으로 화장 문화가 형성되었다. 그러나 화장품 생산과 품목에는 많은 변화를 보여 화장품의 국산화가 늘어났으며 짙은 색조 화장과 매니큐어의 사용도 전에 없는 변화 중의 하나였다(대한화장사협회, 1988). 1960년 이후에는 화장품의 기능이 세분화되고, 바니싱 타입의 크림과 백분의 소비량이 격감한 반면에, 액상 색분(파운데이션)의 수요가 급증하였으며, 연지도 고형(스틱)으로 변모하여 소비량이 급증하였다. 그리고 당시 미술계의 경향이던 인상주의의 영향을 받아 자기 개성을 표출시키기 위해 얼굴 윤

▲ 그림 2-1. 최초의 화장형태 캠페인

곽과 눈, 코, 입을 강조하여 현저하게 노출시키는 화장법, 이른바 입체 화장이 나타나기도 하였다.

영화는 서민에게 있어서 유일한 최대의 오락이었기 때문에 연이어 수입 개봉되는 외국 영화의 영향으로 우리나라 여성의 화장형태는 평면적인 납작한 얼굴을 서양 사람처럼 입체적인 얼굴로 보이게 하는 입체 화장이 도입되기 시작했다.

아이섀도가 사용되기 이전에는 아이라인을 사용하여 눈매의 상하에 확실한 선의 화장형태가 유행하여 눈매를 강조하였다. 아이섀도가 보급이 되었고, 핑크계 화장에서 오클(황적색)계 화장으로 변화해 갔다.

대체적으로 50년 후반에서 60년대 전반기의 화장은 핑크계에서 오크르계의 화장으로 변화, 음영을 깊게 보이게 하는 입체 화장이 시작되었고, 아이섀도가 60년경부터 들어왔다. 그때까지만 하더라도 동양인에게는 푸른 섀도가 맞지 않

▲ 그림 2-2. 1960년대의 아이라인

는다고 생각되었으나 대담하게 사용하기 시작했다. 이것도 입체 화장의 한 가지 방법이다. 그래서 여성 잡지에서는 동양인의 평면적인 얼굴보다 입체적으로 보이게끔 입체 화장에서 유행하는 섀도사용방법과 그리는 법이 소개되었다. 여성 잡지 등에서 아이섀도를 바르는 방법 등이 화장란에 소개되기 시작하였고 피부 색깔은 해방 전후의 뿌옇게 분바른 피부색에서 핑크 계열로 바뀌었다가 다시 입체 화장이 들어오면서 한국인의 피부에 맞는 오크르계의 파운데이션이 보급되었다. 즉 서양인의 핑크계 화장과는 다른 질감을 만드는 오크르계의 파운데이션 화장법이 보급된 것이다.

50~60년대 우리나라 대표적인 미인으로는 영화배우 김지미, 남정임을 꼽을 수 있는데, 이들은 내성적이고 정적인 분위기로 안면은 넓고 턱이 작은 고전적인 아름다움을 나타내고 있다. 이 배우들에게 쏠린 대중적인 인기는 당시 여성들이 이들의 화장 분위기, 머리형태, 패션 등에 많은 영향을 받은 것으로도 알 수 있다. 이 시기의 여성들은 브리짓 바르도처럼 눈을 크고 아름답게 그리고 쌍꺼풀 주위에만 엷은 그린색이나 블루 컬러의 아이섀도를 발라 주었다. 여기에 인조 속눈썹을 붙이고 눈꼬리가 길게 올라가도록 아이라인을 그린 다음 마스카라로 속눈썹을 바짝 올려 주었다. 입술은 투명한 색이나 엷은 베이지, 브라운 컬러 등으로 칠한 후 립라이너로 윤곽만 크고 또렷하게 그려 육감적으로 보이도록 했다. 브리짓 바르도는 화장뿐 아니라 머리형태에도 영향을 미쳤는데 긴 머리카락을 일부러 흩뜨린 것처럼 해 관능미를 강조하는 것이 인기였다. 1968년 태평양화장품은 최초의 홈 마사지 방법과 새로운 화장법을 광고하였다. 그러나 인조 속눈썹과 액상 아이라이너를 사용한 강한 눈 화장은 자연스럽지 않고, 인위적인 모습으로 대중적이

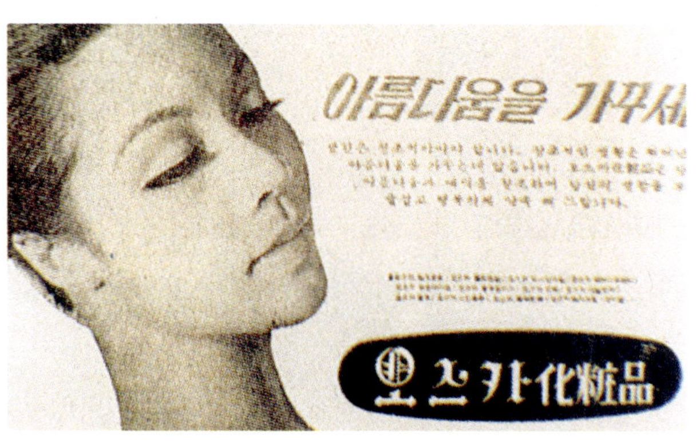

▲ 그림 2-3. 1960년대의 속눈썹과 아이라인

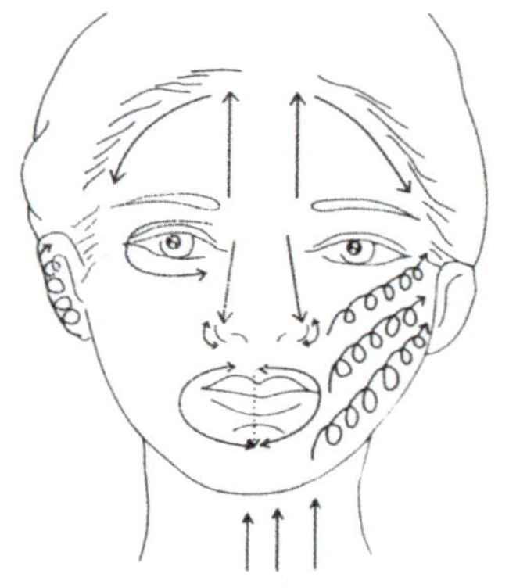

▲ 그림 2-4. 홈 마사지 방법

거나 보편적인 모습은 아니었다.

5) 1970년대(1969~1979)

1971년 봄, 태평양화장품은 국내 최초로
화장 캠페인을 실시하면서 그 발족식을 조선
호텔에서 가졌다. 또 화장 쇼를 통해서 그해
의 화장 패턴을 발표하였다. 캠페인의 타이
틀은 '오, 마이러브(Oh, my love)'였고, 캠
페인과 함께 발표된 화장 패턴은 립스틱 색
상을 핑크색, 오렌지색을 이용하여 컬러 하
모니를 추구한 화장이었다.

'오, 마이러브' 화장은 투명한 피부 화장,
가늘고 짧은 눈썹, 둥글고 깊은 눈매를 강조
하고, 그때까지 오랫동안 침체되었던 볼연지
화장을 함으로써 부드러운 여성미를 더해 주
는 화장법이었다. 아모레 하이톤 화장품 11

▲ 그림 2-5. 핑크계와 보라색 계열의 눈화
장형태

개 품목이 캠페인 대상 제품이었고, 주 유행색은 핑크계의 보라색이었다. 그리고
이때에 베이스컬러,[2] 라인섀도,[3] 하이라이트[4]와 같은 새로운 화장 용어도 생겨났다.

'오, 마이러브' 화장이란 어떤 내용인가? 입술(립스틱)과 눈 화장, 화장 베이스를
하나로 묶은 토털 화장이었는데 특히 눈 화장(아이 화장)에 중점을 두고 있다. 그
리고 우리나라 여성처럼 평면적인 얼굴에는 더욱 필요한 화장이며, 의상과 조화
를 이루기 위해서도 꼭 필요한 컬러 하모니의 출발점이라는 사실을 강조하였다.

캠페인 대상 화장 패턴에서 보인 유행색과 컬러 크리에이션은 어디까지나 태평

---

2 베이스컬러(Base colour):다른 색상을 칠하기 전에 먼저 칠하여 다음 칠하는 색상과 조화되게
  끔 제일 처음 칠하는 색상.
3 라인섀도(Line shadow): 주로 눈매를 뚜렷하게 하기 위해 주변 색보다 어두운 색으로 칠하는
  색상.
4 하이라이트(Highlight): 돌출되어 보이게끔 주변 색보다 1-2단계 밝은 색상을 칠하는 것.

양이 독자적으로 창안한 것으로 당시의 컬러 크리에이션은 빨강, 노랑, 파랑 3원색으로 만든 색상환을 이용하여 같은 계열의 색 또는 서로 보색 관계에 있는 색으로 배색하여 색상 조화를 추구하는 방식으로 이루어졌다. 한편 이러한 컬러 크리에이션은 무채색만을 알던 당시 우리나라 여성들에게는 그동안의 화장 개념을 완전히 뒤집는 실로 충격적이고 대단한 것이었다. 그런데 캠페인을 실시할 때에는 포스터와 CF에 등장하는 모델에게 캠페인 화장을 정확하게 표현하는 화장을 하도록 하였는데, 이렇게 함으로써 캠페인 화장 패턴은 비교적 패션에 관심이 높은 젊은 여성층을 중심으로 빠르게 확산되었다(이능희, 1995).

그런데 70년대에 접어들면서 생활수준도 향상되었고, 이로 인해 사람에게는 일하는 것과 함께 여가를 즐기는 것도 필요하다는 인식이 급격히 확산되고 있었다. 신문과 방송에서는 '바캉스'라는 단어를 사용하기 시작하였고, 잡지들은 썬텐한 서양인들의 매력 있는 모습을 앞 다투어 소개하였다. 이에 사람들은 여름의 태양 아래서 즐기는 레저를 동경하게 되었는데, 시간(time), 상황(occasion), 장소(place)에 따라 화장형태가 달라지는 새로운 사고방식이 나타났다. 모든 사람은 연령이나 장소 또는 개성에 따라서 화장을 다르게 해야 한다는 전제 아래 여성 심리 속에 잠재한 아름다움과 사랑에 대한 동경을 컬러화장(색채 화장)을 통해 뚜렷이 나타내고자 했다. 그리고 펄의 유행과 여성미의 극치라 할 수 있는 부드럽고 섬세한 화장법으로 아이화장에 중점을 두었다. 1972년에는 색채 화장이

▲ 그림 2-6. 눈썹형태와 이미지

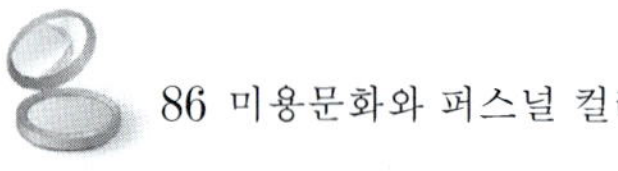

구체화된 해로서 부드러운 색조에서 녹색, 청색,
보라색을 중심으로 명도를 낮추고 채도가 높은
원색계 색상을 사용했고, 녹색과 오렌지색의 콤
비네이션이 유행색이었다.

　이들 화장법이 공통으로 갖고 있는 특징은 눈
썹 모양에 중점을 두고 있다는 점이다. 우리나라
사람들은 일찍이 눈썹의 형태와 그것이 주는 이
미지에 깊은 관심을 가졌기 때문에 눈썹의 생김
새에 따라서 운명을 가름하기도 했다.

　화장 이미지로 코스모스와 같은 여자다움을,
일곱 가지로 나눈 얼굴형에 각기 다른 볼 화장을
하는 방법을 발표했다. 얼굴 모양을 수정하기 위
하여 지금도 사용하고 있는 볼연지가 이때에 화

장의 필수품으로 널리 사용되기 시작했다. 1974년 눈 화장과 입술 화장이 일반화
되고 화장색상을 다양화시킨 해이다. 곧 색의 표현이 중요시되면서 자연에 대한
그리움을 깨끗하고 밝은 색조로 안정감 있게 표현하였다. 봄에는 눈과 입술 화장
을 중점적으로 강조하였고, 여름은 노출의 계절에 맞게 자연스럽고 건강하고 싱
싱한 화장을 표현할 수 있는 경쾌하고 활동적인 화장법을 전개했다. '당신의 가
을, 고운 살결'이라는 테마로 실시된 태평양 화장품의 가을 캠페인이 있었다. 75
년은 '여성의 해'로 선포됨으로써 사회적으로 여성의 목소리가 더욱 커지고, 여성
의 사회활동이 두드러지면서 패션에 진(Jean)이 출연하기 시작하였다. 이해에는
색채화장이 생활화되기 시작했고, 태평양의 전문 마사지 열여덟 가지 기법이 도
입되었다. 1976년은 전반적인 패션의 경향이 서양적인 분위기에서 동양적인 분
위기로 전환하고, 이에 따라 화장도 동양인의 얼굴에 맞게 자연스럽게 변해갔다.
색상도 동양적인 경향으로 부드러우면서 침착한 색조가 주류를 이루었다. 화장
품 회사 사이에 경쟁이 더욱 치열해진 해이다.

　화장은 입술과 눈매에 포인트를 두는 포인트 화장 중심으로 더욱 세련되게 발
전하였고, 여름철에는 네일 컬러 위에 그림을 그려 넣은 정도로 손톱 화장에 대
한 관심도 높아졌다. 한편 이때부터 보디 제품이 서서히 부상하기 시작하였는데,
대표적인 제품은 바블바스와 보디로션이었다.

1977년은 획일적인 인형 같은 아름다움(beauty)에서 개성을 매력(charming)으로 받아들이는 패션 자유화가 시작된 해이다. 이해에는 화장법을 한 단계 더 발전시켜 눈 바로 밑이나 콧날에 적당하게 하이라이트5를 주어 인상이 밝게 보이도록 하는 화장법이 강조되었다.

1978년은 지금 흔하게 사용되는 '토털 코디네이트'라는 말이 자주 등장하고 화장 수준과 화장 기술이 점점 향상되고 모든 패션이 조화를 중시하면서, 화장품회사는 화장이 토털패션에 조화되어야 함을 계몽하였다.

이 가운데 TV화장은 골격학적으로 얼굴을 T존과 V존으로 나누어 T와 V자 모양으로 하이라이트를 주어 밝은 분위기를 나타내게 하는 화장법이었다. 따라서 1970년대부터 우리나라의 화장 문화는 본격적으로 화장품 회사가 주도하여 제시하는 화장품 캠페인을 우리나라 여성들이 무비판적으로 수용하는 방향으로 나아가게 되었다.

화장 패턴은 전체적으로 단조로운 형태와 색감으로 배색하였는데 인조 속눈썹은 반드시 붙여서 속눈썹이 길고 짙어 보이게 하였고, 눈썹은 조선시대 미인도에서 쉽게 찾아 볼 수 있는 눈썹 형태처럼 가늘게 뽑거나 그렸다. 화장이 미치는 정신적으로 풍요하고 건강한 여성상을 표현하였으며 입술과 눈의 표정연출에 중점을 두었다.

---

5 하이라이트: 얼굴이 입체적으로 보이게 하기 위해 이마, 콧등, 눈 밑, 즉 골격이 있는 부분을 튀어 나오게 다른 부분보다 밝게 화장형태하는 방법.

6) 1980년대(1979~1989)

TV 컬러 방송 시작으로 색 사용에 익숙해진 80년대는 색상의 혁명기였기 때문에 80년대는 화장품 성장의 시대, 컬러가 강세인 시대라고 할 수 있다. 80년대는 또한 마이카 붐, 맞벌이 부부 증가, 간편 지향의 인스턴트 식품, 패밀리 레스토랑 등장과 중고생 교복 자율화, 유니섹스 모드의 등장, 여행 및 스포츠의 대중화와 활성화로 일반 국민의 라이프스타일 자체가 패

▲ 그림 2-9. 1980년대의 코리아 판타지 화장형태

션화, 개성화 시대로 접어들었고 레저 활동 또한 다양화되고 활발해졌다. 세계화 대열에 끼어 나름대로 넓은 시야를 갖출 수 있었던 88서울 올림픽도 우리 생활 문화에 커다란 변화를 주었다. 그러나 70년대와는 달리 80년대는 화장품 업계가 프로모션을 통해 화장을 주도하지만 선택은 소비자의 라이프스타일이나 신체에 따라 고객이 결정하는 지적 소비자의 시대가 도래하였다.

80년대 초반에는 짙은 눈썹, 빨간 립스틱, 브라운계의 아이섀도에 의한 보이시(boyish)한 이미지가 유행을 주도했다. 반면 80년대 후반부터는 여성스러움을 강조하는 표현이 인기를 모아서 롱헤어가 선호되고 눈썹은 자기 자신의 자연스러운 형태로 변했으며, 아이섀도는 컬러 톤을 낮추고 포인트는 입술에 두었다. 즉 내추럴과 원 포인트 화장 시대라고 할 수 있다. 여기에다 화장색도 다양하게 핑크와 오렌지 빛의 중간 톤으로 코랄색상, 그린과 황금색의 조화, 오렌지 톤에 카키색, 골드, 벽돌색계의 차분하고 지적인 색상이 등장했다.

특히 80년대 후반부터는 프레온 가스에 의한 오존층 파괴로 피부에 대한 자외선의 악영향이 세계적인 관심사로 떠오르면서 환경오염 방지를 새로운 개념으로 채택한 화장품 개발이 붐을 이뤘다. 그리고 화장을 하는 것이 안하는 것보다 피부를 환경오염으로부터 보호하는 개념의 색조 화장품에 스킨케어 개념이 도입된 제품이 생산되었다. 또 교복 자율화와 88서울올림픽을 기점으로 더욱 개성적인 자기표현과 과감한 연출이 두드러졌고, 컬러 TV의 대량 보급과 매스 미디어의

발달로 색상 사용이 다양해지고 뚜렷해졌다. 올림픽을 유치한 1988년에는 세계 속의 한국여성이라는 위치와 긍지를 새롭게 자각하는 취지에서 가장 한국적 아름다움과 신비로움을 표현한 코리아 판타지 화장이 유행되기도 했다. 70년대의 내추럴 컬러는 80년대에 들어와서도 여전히 강세를 보이며 차분한 색조가 심화되고 색상이 부드러워졌으며 회색, 검정색, 흰색의 무채색, 다시 말해 모노톤(mono tone) 컬러가 부상해 전성기를 이루었다. 사무자동화, 뉴미디어의 등장으로 하이테크 문화의 개막 시대라 불리기도 한 80년대는 하이테크의 기능성과 하이터치 인간의 감성이 병존하게 되었다. 흰색, 검정색, 회색은 일반적으로 기능을 나타내는 색으로 의상뿐만 아니라 카메라, TV 등에서 다채롭게 사용되었고

보다 고감도로 생활해 온 소비자들이 색을 많이 쓰는 것보다 단색을 사용한 것이 보다 멋스럽다고 여기게 되면서 하이터치한 도시 감각의 모노톤을 지향한 것이다. 1980년대에 접어들면서 한국여성사회에는 새로운 바람이 불기 시작하였고, 이로 인해 화장도 새로운 양상을 나타내기 시작하였다. 화장 패턴도 두꺼운 눈썹과 빨간 입술, 브라운계 아이화장이 80년대 전반에 유행 되었다. 여성의 사회 진출이 본격화되고 커리어우먼이 증가하면서 바쁜 하루 일과 중에 시간을 절약할 수 있는 화장 제품에 대한 고객의 욕구와 파운데이션과 파우더 기능이 합쳐진 파우더 타입 파운데이션인 트윈케이크가 서서히 인기를 모으기 시작했다. 80년은 각 TV 방송국들이 컬러 방영을 시작한 해이다. 소비자들의 컬러에 대한 욕구가 충족되는 한편 새로운 수요가 급증하였고, 연예인들의 화장이 방송을 타고 일반에게 그대로 침투하기 시작하였다. 이해에는 이러한 컬러 시대의 진입에 발맞추어 화장품 회사에서 다양한 색상의 제품을 생산했다. 1982년은 두발과 교복의 자율화로 화장 연령이 점점 낮아지기 시작한 해였고, 수입 자유화의 시작으로 국제적인 감각을 피부로 느낄 수 있는 전기가 되고, 선진국의 다양한 색상의 색조 화장품이 수입되면서 소비자는 더욱 세련되고, 화장품 회사의 주도하에 선택되던 것이 소비자 중심의 실질적인 개성 표현에 맞게 선택하기 시작했다. 1986년은 간

편한 거품 형태의 정발제 '헤어무스'가 도입되어 청소년층을 중심으로 확산되기 시작한 해이다. 모발 화장품의 생산과 보급으로 많은 여성들이 미에 대한 의식이 달라져 시간은 되도록 짧게, 스타일은 자연스럽게, 그러면서도 개성을 뚜렷이 살릴 수 있기를 바라는 추세에 따라 머리가 정돈되고 외모가 단정해지고 보다 세련되어 갔다. 태평양화학에서 1987년에 자연성 제품임을 강조하는 탐스핀 제품이 개발된 이듬해로 화장에 스킨케어 개념이 도입되었다. 즉 화장의 아름다움에 스킨케어 효과로 인한 건강미를 합하여 또 다른 차원의 아름다움을 창출한 것이다.

70년대 말 영국에서 시작된 펑크스타일이 패션계 전반에 영향을 미치기 시작한 때도 바로 80년대다. 울긋불긋하게 물들인 머리, 전위적인 느낌의 화장 등이 펑크 룩의 등장과 함께 젊은이들을 사로잡았다. 80년대 초에는 존 트라볼타가 주연한 '토요일 밤의 열기'가 전 세계적으로 흥행에 성공하면서 디스코 열풍이 거세게 불어 닥쳤다. 머리형태는 긴 머리를 땋은 일명 디스코 머리가 유행했으며, 화장은 화려한 디스코 춤에 어울리는 황금색, 노란색 펄 등이 들어간 아이섀도를 눈두덩에 바르고 그 위에 무광택의 자주와 오렌지색 등을 발라 눈에 깊이감을 주었다. 1988년은 서울올림픽이 개최된 해로 여성 의식에 큰 변화가 일어났다. 자신의 개성을 강력한 주장으로 펼칠 뿐만 아니라 자신만의 패션을 가지고자 하는 경향을 띠게 된 것이다. 젊은 여성들이 생활 속에서 자신의 감성을 센스 있게 표현하는 기회를 자주 가지면서, 기업은 프로모션을 통해서 단지 화장의 유행을 주도해 가는 것으로 그치고 선택은 어디까지나 자신의 라이프스타일이나 신체에 따라 고객이 결정하는 '지적 소비자의 시대'가 전개되고 있었던 해이다.

주된 화장패턴은 깨끗하고 건강한 아름다움을 주는 외부화장이 지속되었고 색상사용은 종전과 달리 두 가지 이상의 색상을 혼합, 조절하여 자신만의 개성을 무한하게 만들어 내는 컬러 베리에이션(Variation)을 시도했다. 또한 혼합되는 색의 강·약, 눈, 볼, 입술 화장을 새롭게 표현하였다.

7) 1990년대(1989~1998)

90년대의 생활 패턴은 개성화 시대의 도래로 개인적인 욕구 충족, 미래 지향, 정보화, 풍부한 상상력과 욕망의 세분화 등이라고 할 수 있다. 전 세계적으로 지구의

환경 문제에 촉각을 세우고 있으며 유럽에서는 녹색 GNP가 나올 정도였고 이러한 환경 문제에 대한 자각은 생활 자외선으로부터 피부를 보호하는 UV화이트닝 기초 제품의 본격적인 출시를 유도했다. 또한 에콜로지(ecology), 내추럴, 소프트, 라이트의 단어가 시대를 대변하는 핵심어(key word)로 등장했으며, 여성들은 딱딱하고 긴장된 의식에서 벗어나 자유롭고 여유 있는 생활을 추구하게 됐다. 패션의 실루엣도 견고함이 느껴지지 않는, 부드러운 실루엣이 주제가 되고 화장은 친화력이 강조돼 자연스럽고 자연의 색상이 선호됐다.

에콜로지 지향은 점점 강세를 띠며 소맥색, 곡류색 등 자연계열 색상이 부각됐다. 색 바랜 초원의 새와 야생화, 포프리, 마른 곡류 등 대대로 물려받은 듯한 고전적인 주택에서 느낄 수 있는 다양하고도 자연스러운 색상들과 어린 시절의 추억을 회상하게 하는 휴먼 라이프가 느껴지는 컬러들이 패션과 인테리어, 장신구 등 생활 곳곳에서 나타났다.

90년대 초반은 에콜로지와 복고풍을 기본 바탕에 두고 미래 지향, 우주지향이라 할 수 있는 광택, 투명, 메탈릭한 감을 소재로 한 의상에 광택이 있는 골드 빛 브라운이 유행 화장 컬러로 자리매김하였다. 화장 역시 우드 브라운, 어스 브라운(earth brown) 컬러에 자신만의 브라운색을 창조하는 패턴으로 모방이 아닌 개성적인 경향이 뚜렷했다. 1995년은 순수와 생명력을 잃기 쉬운 바쁜 현대 여성에게 자연스러운 아름다움과 활기찬 생명력을 표현하는 그린이 부각되었고, 베이지, 핑크, 오렌지, 로즈 컬러 등 피부 본래의 투명감을 살린 화장이 부각됐다.

1990년대에 들어서서는 고도의 성장과 컴퓨터의 발달, 자동화, 기계화 등 급변하는 사회적 양상에 따른 혼란과 인간성 상실에 따른 관심이 고조되고 또한 환경에 대한 염려의 소리가 높아져 21세기를 앞둔 시점에서 보다 자연 지향적인 움직임들이 일어나게 되었다. 소위 에콜로지 경향으로 패션, 실내장식, 화장, 가구 등 생활 전반에 걸쳐 자연스럽고 심플하면서 절제된 모습으로 나타나고 있다.

1990년부터 패션의 세계에는 의상은 물론 헤어까지 하나의 종합적인 흐름을 이루는 토털 감각이 두드러져 일반에까지 강한 영향을 주었다. 즉 90년대 초에는 의상의 '자연으로 돌아가자'는 공감대 아래 자연의 이미지를 담은 에콜로지 경향이 세계를 강타하더니 활기차고 섹시한 매력의 시대 60년대의 유행이 주류가 되는 복고주의가 성행하였다.

특히 머리형태의 경우 긴 머리 외에 60년대의 모드, 2가지 업스타일의 경우 정갈하게 뒤쪽에서 프렌치 트위스트(french twist)가 디자인의 주를 이루었다.

▲ 그림 2-12. 화장형태와 헤어에 포인트를 준 토털 코디네이션

이러한 영향으로 기초 화장품은 보다 자연성 소재를 선호하는 흐름으로 표출되고 화장도 자연스런 화장색조, 절제된 패턴을 강조하면서 현대의 개성미를 표출, 아름다움을 드러내는 독창적인 분위기를 엿볼 수 있다. 또 첨단 과학을 통한 신소재의 탁월한 피부 보호와 노화지연 효과로 기존의 스킨케어 개념에서 보다 진일보한 21세기를 향한 하이테크 화장이 시리즈로 제시되기도 하였다.

1991년은 개성적인 고객 각자의 색을 찾아 주자는 취지로 '나의 색을 찾자'는 캠페인이 실시되었다. 또 90년대부터 유럽의 화장형태 영향을 많이 받으면서 복고적인 느낌을 주는 새로운 아이섀도 기법인 아이홀 등 다양한 아이메이크업 패턴으로 눈을 강조하는 눈 화장이 나온 해이기도 하다. 1994년은 에콜로지에 대한 관심과 인간의 근본적인 열망과 그리움을 표현한 에스닉과 내추럴 컬러가 부각되었고, 한색계의 컬러가 감소하고 난색계의 옐로우 계열과 레드 계열을 중심으로 한 오리엔탈 이미지 계열이 강세를 보였다. 의상스타일은 길고 슬림하며 섹시한 스타일의 에스닉 스타일과 낭만적 스타일, 중국과 인도네시아 풍의 심플한 여성적이고 동양적인 스타일이 유행하였다. 1995년은 기본적으로 화이트 계열의 피부를 연상시키는 다양한 스킨톤의 컬러와 파스텔톤의 기분 좋고 밝고 맑은 컬러가 크게 유행하였고, 광택 나는 소재가 눈에 많이 띄고 시드루 룩·하이웨스트·레이어드 룩이 유행하며 섹시하지 않은 여성스러움을 나타냈다. 그리고 투명한 화장이 유행하고 반면에 약간의 펄이 들어간 번들거리는(glossy) 화장도 유행하였다.

02

머리형태의 변화

1) 1900~1940년

우리 한복은 형태가 다양하지 않아 저고리나 치마의 길이가 길어졌다 짧아졌다 하는 정도에서 그쳤고 별로 변화가 없었기 때문에 여성들의 관심은 머리 모양이나 신발 모양 등에 쏠렸다. 당시 유행의 첨단을 걷는 사람들 사이에는 여러 가지 형태의 머리 모양이 생겨났는데, 여기에서도 역시 개화된 학생들이 선구적 역할을 하였다. 열서너 살 된 학생들은 귀밑머리를 길게 땋아 내리고, 끝에는 자주 제비부리, 혹은, 토막 댕기를 드려 뒤에다 길게 늘어뜨릴수록 뒤태가 아름다운 것으로 여겨

▲ 그림 2-13. 헵번형 1953~1955년

졌다. 따라서 될 수 있는 대로 머리가 길게 보이도록 하는 것이 이때의 유행이었다. 좀 큰 학생들은 멋을 부린다고 긴 머리를 땋아 두 번 세 번 구부려 그 위에다 나비가 앉은 것처럼 커다란 리본을 매었다. 아주 큰 학생들은 검은색 리본을 매는 것이었지만 보통은 분홍, 옥색, 초록 등 고운 빛깔의 리본을 맺는데, 당시 사람들은 이 미리를 가리켜 다리미 자루라고 하였다. 그리고 대학의 큰 학생들은 머리를 틀어 얹었다. 귀밑머리를 풀어서 머리를 추켜올려 빗은 후 팜프도어를 하는데, 머리 꼭대기에 큰 리본을 매는 사람도 있었다. 이 팜프도어는 얼마 안 되어 없어지고 드레미리가 생겨났다. 이짓은 옆가리마를 타서 갈라 빗어 머리 뒤에나

넓적하게 틀어 붙이는 식으로서, 널찍하고 클수록 보기 좋다고 해서 속에 머리심 (게바다)을 넣고 겉에만 머리를 입혀 크게 틀었다. 1914년 개화학당 대학과 제1회 졸업생들의 모습에서도 트레머리를 한 것을 볼 수 있는데, 상급반이 되면 트레머 리를 빗느라고 1시간씩 허비했다고 한다. 트레머리는 1910년대까지 여학생 간에 인기 있는 머리형태였는데, 점차 다래 분량이 조금씩 줄어들게 되어 가운데 가리 마에 댕기를 드리우는 서민 머리형태로 복귀하였다. 또 다른 머리모양으로 둘레 머리라는 것이 있었는데, 이것은 머리를 뒤에서 한 가닥으로 굵게 따서 둘레에 터번 모양으로 둘러 머리 위에 틀어 얹고 핀을 꽂은 머리로서, 조선시대 어여머 리와 유사하나 이것을 하는 사람은 극히 적었다.

여학생들의 머리를 보면, 어린 학생들은 여전히 뒤로 땋은 머리였으나, 큰 학생 들은 까미머리를 많이 하였다. 1926년경에는 머리를 땋아 내리는 학생들에게 '첩 지머리'라는 것이 유행하였다. 그것은 앞 가리마를 똑바르게 타고, 양쪽 귀밑머리 를 땋을 때 이것을 세 가닥으로 갈라 앞의 두 가닥을 엮은 그 위로 남은 한 가닥 을 곱게 빗어 첩지를 씌운 것처럼 하는 것이었다. 이렇게 첩지머리를 빗고 다 빗 은 연후에는 또 앞머리를 빗으로 긁었다 놓아서 일부러 머리카락이 약간 어수선 하게 늘어지게 하는 것을 멋이라고 생각하였다. 앞머리를 약간 내리는 애교머리 의 유행은 1929년 신문의 풍자화에도 보인다. 까미머리에 앞머리를 약간 내리고, 짧은 통치마에 개량 적삼을 입은 신여성의 사치를 풍자하고 있다. 1920년경 트레 머리가 '예배당 쪽' 혹은 '전도부인 쪽'이라고 하여 유행될 당시, 평안도 안주의 여 염집 부인들 간에 이 '예배당 쪽'이 크게 유행하자 양반들은 이 쪽을 찐 부인들은 동네 샘터 같은 공동 시설을 사용하지 못하게 하였다.

▲ 그림 2-14. 최승희의 단발머리

단발머리는 무엇보다도 획기적인 것으로 단발이 유행이었다. 1920년대 일부에서 유행했던 단발형의 머리 형태가 점차 늘어나 단발 미인, 모던걸이라는 신용어가 나올 만큼 단발이 오래 지속되었다. 1926년의 무용가 최승희의 단발 모습은 최첨단의 머리형태를 보여주고 있다.

1930년대에서 40년대 사이에 미국 해군 복장에서 유행된 세라복이 신여성의 교복 및 의상으로 바뀌면서 머리를 짧게 자르는 풍조가 시작되었고, 이 시대에 머리를 짧게 잘라 꾸민 여성을 단발 미인이라 했다. 단발에 대한 토론에서 대부분 찬성하는 의견을 보였으나, 신

▲ 그림 2-15. 로맨스형 1956년

학문을 한 일부 층을 제외한 대부분의 사람들 사이에서는 여전히 논란의 대상이 되었다. 이는 단발이 구미의 플래퍼 스타일에 영향을 받은 모던 걸의 상징이었기 때문이다.

한편 모자의 유행을 살펴보면, 20년대에는 고경의 고명딸 덕혜주가 클로쉐를 쓰고 다니기 시작하였고 이 모자가 유행되었다. 종 모양의 이 모자는 유럽에서도 20년대부터 30년대에 크게 유행되었다. 1930년경부터는 머리를 길게 땋아 댕기를 드리는 스타일이 대부분이었다. 그 후부터 어린 학생들은 머리를 증발로 땋거나 묶고, 여대생들은 머리 트는 사람이 많았다. 이때 머리 정수리 부분에 '게바다'라고 하는 심을 넣어 될 수 있는 대로 머리 꼭대기가 우뚝하게 보이는 동시에 둥글게 보이게 하여 뒤통수가 나오고, 그 밑에다 머리를 과히 크지 않게 해서 붙인 것이었다. 간혹 핀컬을 하는 학생들이 있었으나 흔하지 않았고, 자주 감아서 모발이상한 머리들이 당시의 특징이었다.1920년부터 시작되었던 단발은 계속되어, 1934년경에는 드디어 이화학당에 단발바람이 불기 시작했다. 선생님들이 새로운 변화를 달가워하지 않는데도 학생들은 하나둘씩 머리를 자르기 시작했다. 이러한 여학생들 간의 단발 유행은 일반 여성들에게도 전파되었다(유수영, 1991).

1930년대에 들어서는 같은 단발이라 할지라도 웨이브 있는 단발이 유행하였다. 파마는 일본을 통해 그 후 바로 우리나라 여성들에게도 보급되어 도시 멋쟁이 또는 전문학교생들 간에 유행했었다. 1937년에는 핀컬 파마 머리가 선을 보이기 시작하여 곧 젊은 여성들 사이에 유행되었다. 광복 이후 일반 여성들의 머리

모양은 일제 말에 금지되었던 퍼머넌트가 다시 등장했다. 자기 머리나 묶은 머리에 익숙해 있던 일반여성들도 파마나 세팅 또는 아이롱으로 웨이브를 내어 멋을 부렸다. 유행 선도자인 영화배우, 요정의 여성들 사이에 유행했던 머리형으로 링고 스타일이 있는데 이는 이마 앞머리를 잘라 짧게 해서 위로 향하게 둥글게 말아서 붙인 것으로 위로 올린 웨이브를 머리에 낸 모양이라 이 머리 모양은 한복이나 양장 차림에도 어울려 일제 강점기부터 광복 후까지 시대를 초월해 계속 애용되었다.

2) 1950년대(1949~1959)

▲ 그림 2–16. 1966년 기하학적 hail cut

1950년 한국전쟁으로 유엔군이 우리나라에 주둔하게 되면서 패션의 풍속도가 새롭게 전개되어 양부인들의 롱스커트에 웨이브가 강한 파마스타일, 빨간 입술연지, 빨간 매니큐어의 손톱 등 서양식 패션이 일반 여성들 사이에도 퍼져나갔다. 미국 잡지가 우리나라에 들어오고 영화가 들어왔기 때문에 머리모양 역시 서양화되었다. 1950년대 후반 우리나라에 영화관이 여러 곳에 신축되었고 여성들은 영화에 의해 외국의 패션을 친근한 것으로 받아들이게 되었다. 우리나라에서는 헵번스타일과 더불어 스잔헤어워드, 리타헤어워드의 웨이브진 긴 머리형태를 많은 모방했다. 여성들은 여전히 아이롱으로 단발형의 우지마끼(안말음)[6]와 소데마끼(바깥말음)[7]를 선호하여 머리모양에서 개성을 찾아볼 수 없었다.

1950년 후기부터 양감을 강조하여 풍성한 스타일이 나오기 시작했다. 얼굴을 둘러싼 앞과 옆으로 최대한의 양감을 가진 머리털 자체를 얼굴의 장식으로 뚜렷이 한 머리모양을 창안하였다. 파마머리의 유행은 6·25전란 중에도 계속되었다. 그러나 새로운 스타일의 유행은 있을 수 없었고 모자도 마찬가지였다. 광복

---

6 안말음: 머리끝 부분을 안쪽으로 둥글게 말아 모양을 만드는 것.
7 바깥말음: 머리끝 부분을 바깥쪽으로 뻗어지게 모양을 만드는 것.

이후 쓰던 모자가 여배우 등 일부 여성층에 한해 착용되었을 뿐이다.

　전쟁이 끝나고 사회가 안정됨에 따라 여성의 의복과 함께 머리 모양도 점차 다양해졌다. 파마머리의 유행도 여전하였는데 특히 전기파마, 콜드 웨이브 파마 등 다양한 파마법이 소개되었다. 물론 일부에서는 1950년대 중반까지 숯 파마를 계속하기도 하였다. 여성들의 머리 모양이 다양화하는 데에는 또한 영화가 중요한 역할을 담당하였다. 특히 50년대 중반에 상영되었던 '로마의 휴일'은 여성들의 의복에서뿐만 아니라 머리 모양에 있어서도

새로운 유행을 일으켰다. 그것은 헵번스타일로 뒷머리가 짧은 쇼트 스타일이어서 뒷머리 모양으로는 남녀 구별이 안 되었고, 따라서 "꽁지 빠진 할미새"라고 비꼬는 말이 나오기도 하였다. 머리모양은 점점 더 다양화하였다. 덕크테일(duck tail)형의 머리도 동양적 실루엣이 감돈다는 이유로 환영받았는데 이것은 옆머리가 위로 치켜지며 뒤 중앙에서 오리꼬리 모양으로 아물어지는 형태이다. 1955년에는 포니테일(pony tail) 스타일의 긴 머리가 젊은 층에 유행했다. 이 말꼬리 모양의 머리는 앳되게 보이는 장점이 있어 환영받았다. 1956년에는 로맨스 스타일(romance style)이 인기가 있었는데, S자형의 웨이브를 만들어 귀를 덮고 양감을 주는 스타일이다. 특히 이탈이란보이 스타일이라고 짧고 발랄한 느낌의 머리 형태가 유행했다.

　1959년에는 스완 라인(swan line)이라 하여 머리의 양이 적어지고 굵은 웨이브의 부드럽고 로맨틱한 분위기를 나타내는 머리형이 인기가 있었다. 1950년대 후반에는 미장원이 늘어나고 고데가 일반화하여 파마머리 혹은 생머리에 불로 달군 고데기로 머리를 펴거나 굵은 웨이브를 주어 손질하였다. 전반적으로 보아 광복 이후에는 젊은 여성들 사이에서 어깨 정도 길이의 긴 머리가 유행했으나 1950년대 후반으로 올수록 점차 짧은 머리의 여성들이 늘어났다.

3) 1960년대(1959~1969)

▲ 그림 2-19. 1970년대 바디퍼머

1960년대는 머리 모양의 변화가 가장 많았다. 1961~1962년에는 세슬 커트, 즉 귀 양끝이 뾰족하게 뻗치는 커트에 의한 로켓트 라인이 유행했고, 1965년경부터 부분 가발 붐이 조성되어 머리모양은 의상의 변화와 조화되게 얼굴 모양과 옷차림과 어울리는 스타일을 선택함으로써 더욱 다양해지고 세련되어 갔다. 1964년 여자대학가에서 불퍼머 머리모양이 유행했다. 60년대 초 고데기에 금박지를 싸서 머리카락에 힘을 주고 롤을 사용하여 웨이브를 만들었다. 1966년에는 남자처럼 아주 짧은 머리형태가 많았으며, 1967년에는 기하학적인 선을 이용하여 동양인의 특징인 커다란 얼굴과 빈약한 뒤통수를 살려 조형미를 나타내는 기하학적 헤어커팅, 즉 여러 층으로 잘라내는 것이 많았다. 또한 단발머리 모양이나 보통 바가지 머리라고 부르기도 하는 머리형이 유행하였는데, 우리나라에서는 1968년 가수 윤복희 씨에 의해 소개되었고, 이는 직장 여성이나 학구파 신여성에게 간편하고 손질하기 쉬운 머리 모양으로 널리 받아들여졌다. 이러한 머리 모양은 단발로 자르고 바리캉(clippers)이나 면도기로 정리한 상고단발인데 뒷부분을 둥글게 단차를 두면 보기 좋았다.

이 당시 대표적인 머리 모양은 크게 두 가지로 나뉘는데, 그중 하나는 중간 기장의 단발머리에 웨이브를 안으로 말아 (안말음)형태이고 다른 하나는 밖으로 웨이브를 만 (바깥말음)형태였다.

또한 올림머리 종류는 양장 한복을 입고 올림머리를 함으로써 우아하고 고전적인 모습을 보였다. 또한 (숯불인두)(고데기)를 사용해서 머리의 형을 살림으로써 장식적인 컬을 만들고 악센트나 긴머리 다발(가발)을 장식하는데 이것이 현대 드라이의 시초가 되었다.

4) 1970년대(1969~1979)

1970년대는 우리나라에서 커트의 개념이 긴 머리를 그냥 자른다는 개념에서, 모발을 각도에 의해 나누어서 기하학적으로 자른다는 개념으로 완전히 바뀐 시대이다. 또한 우리나라의 미용 전문가들이 해외의 미용 세미나에 참석하기 시작한 시기이기도 하다. 서양에서는 1960년대에 초미니 스커트와 함께 비달 사순이라는 미용가가 창작한 기하학적 머리형태가 크게 유행하였다. 지금까지의 헤어의 흐름은 자연스러움이 아닌 조형적인 아름다움을 표현

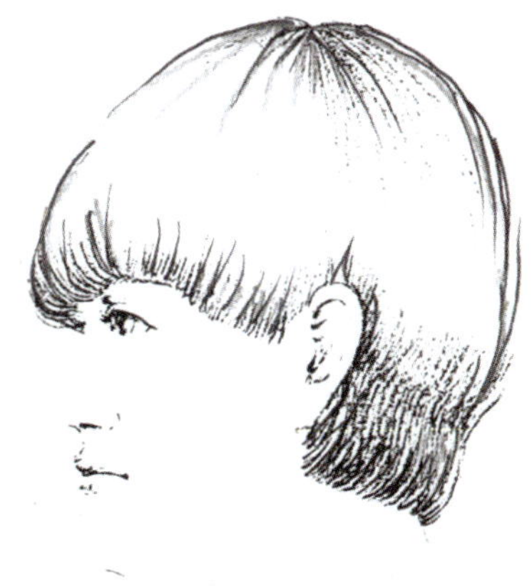

▲ 그림 2–20. 1970년대 상고단발

한 스타일이었는데 각도에 의한 기하학적인 커트는 모발의 자연스런 흐름을 살린 새로운 경지의 커트였다. 그의 이러한 커트 기법은 1970년대에 접어들면서 우리나라에도 들어왔다. 비달 사순의 천재적인 재능은 지금 기업명으로 남아 헤어 패션과 미용학교의 대명사로 되어 있다. 1970년대 중반부터는 사순풍을 모방한 여러 헤어 디자이너들이 각국에서 실력을 발휘하여 뉴 트랜드(new trend)의 창조에 힘을 기울이기 시작하였다. 1970년대 전반기는 커트 붐이 절정을 이루던 시기였고, 내추럴 경향으로 제각기 진정한 개성화를 추구하는 여성의 시대로 접어들기 시작한 시기였다. 그리고 이때는 국제 여성의 해를 맞이하여 여성의 활동범위가 더욱 확대되는 시기이기도 하였다.

1970년대 초기에 유행한 커트로는 샤기 커트(shaggy cut)를 들 수 있는데, 이 커트는 뒷목덜미 부위에 길게 커트한 것으로 한동안 유행하여 우리나라에서는 일명 거지 커트라고 불렀다. 이 샤기라는 말은 원래 거칠다는 뜻의 말인데 실지로는 말의 뜻과는 달리 이 커트 기법은 아주 섬세하여 어느 쪽에서 머리를 들추더라도 직선적이며 머리끝이 가지런한 것이 특징이다. 여성들의 머리 모양은 얼굴형에 따른 디자인 커트와 그에 따른 파마 스타일이 유행하였고, 그 파마머리에 블로우 드라이로 부드럽고 유연한 머릿결의 스타일을 하였다. 또한, 여성들의 사회 진출이 많아지고 활동 범위가 넓어져 시간이 절약되는 간편한 스타일을 원하게 되자, 그에 따른 파마 스타일이 나오게 되었다. 바디파마라고 부르는 자연스

런 웨이브가 있는 파마가 그것인데, 머리카락 끝에만 웨이브나 컬을 만들어 언뜻 보기에는 약간 웨이브가 진 반 곱슬머리처럼 보인다. 이 파마의 특징은 샴푸 후 스스로 손질하여 스타일을 만들 수 있다는 점인데, 이로 인해 젊은 여성들이 많이 하였다. 1970년대 중반부터 1980년대까지 우리나라 젊은 여성들, 특히 활동적인 여성들에게 머시룸(mushroom), 즉 버섯모양의 헤어가 꾸준히 인기를 얻어 하나의 머리형태로 정착되었다. 이 스타일은 모발의 흐름이 중심에서 방사형으로 흘러서 옆이 넓게 되며, 모발 끝이 안쪽을 향해서 모아진 실루엣의 스타일로 중세의 승려머리 스타일에서 발달한 것이다. 이 스타일은 심플한 실루엣으로 기능성을 지니면서도 여성스러운 디자인으로 여성들에게 애용되었다. 지금까지의 머리형태는 사순 커트의 기하학적이고 직선적인 가위의 커트로 여성미를 살려 만든 것이었는데, 1970년대 말부터 불균형적으로 정돈되지 않은 듯한 머리 모양이 나오기 시작했다. 이 머리 모양은 컬이 움직이는 듯한 스타일로 완전히 '형(形)'에서 탈피하여 흐름대로 디자인된 커트 스타일이다.

5) 1980년대(1979~1989)

1980년대 레이저를 병용한 커트인 펑크 헤어 또는 디스코 머리 같은 중성적인 머리형태가 참신한 멋으로 유행하였고, 브룩 쉴즈의 눈썹과 같은 자연적인 굵은 눈썹이 유행하기 시작하였다. 그리고 유행의 흐름을 보여주는 갖가지 패션 가운데 헤어디자인의 위치가 그 어느 때보다도 중요시됨에 따라 헤어 디자이너의 감성과 감각이 여기저기에서 빛나기 시작하였다. 커트와 파마의 디자인이 다양해졌고, 새 질감 요구에 부응하는 최신 미용기구가 많이 개발되었다. 새롭게 유행하는 머리형태는 단정하고 딱딱하게 고정된 머리형에서 머릿결이 자유스럽게 움직이는 듯한 자연스런 펌 스타일과 부드러운 질감의 머리에서 신선함을 느끼는 것이 유행이었다. 1984년도부터는 가위와 클리퍼(clipper)의 부조화 커트 디자인이 유행함에 따라 헤어 디자인에 클리퍼가 본격적으로 사용되었다. 뒷목 쪽에는 클리퍼로 긴 솜털이나 머릿결을 거슬러 밀어올리고 앞쪽에는 자연스런 파마의 웨이브, 즉 물결치듯이 웨이브를 주는 2단층 보브스타일이었다. 이 머리형의 특징은 뒷목 쪽에 2단으로 커트한 것과 앞이마의 머리숱을 가볍게 하는 틴닝커트로

가볍게 머리를 살짝 내려놓아 여성적인 부드러움을 살린 점이다. 종전의 일자 커트의 보브 스타일보다 전체 층이 연결되며 단발의 끝 라인이 턱 끝 위로 올라갔다. 이 스타일은 1983년 파리에서부터 유행하기 시작하여 점점 세계로 퍼졌다.

미용회보지에 소개된 84년도에 유행한 머리형태를 소개하면 다음과 같다. 단발 세미롱 스타일은 짧은 머리의 취향에서 차츰 여성적인 것을 찾기 위하여 세미롱 단발 스타일이 나오고 있다. 이 스타일은 입체감이 없고 평면적인 우리나라 여성에게 잘 어울리는 머리형태라 하겠다. 이 스타일은 네이프 포인트(목 밑 부분)를 무겁게 단발 스타일로 처리하고 골덴 포인트(머리 윗부분)를 커트로 소프트하게 처리하여서 전체적인 머리형태를 부드럽게 표현한 것이다.

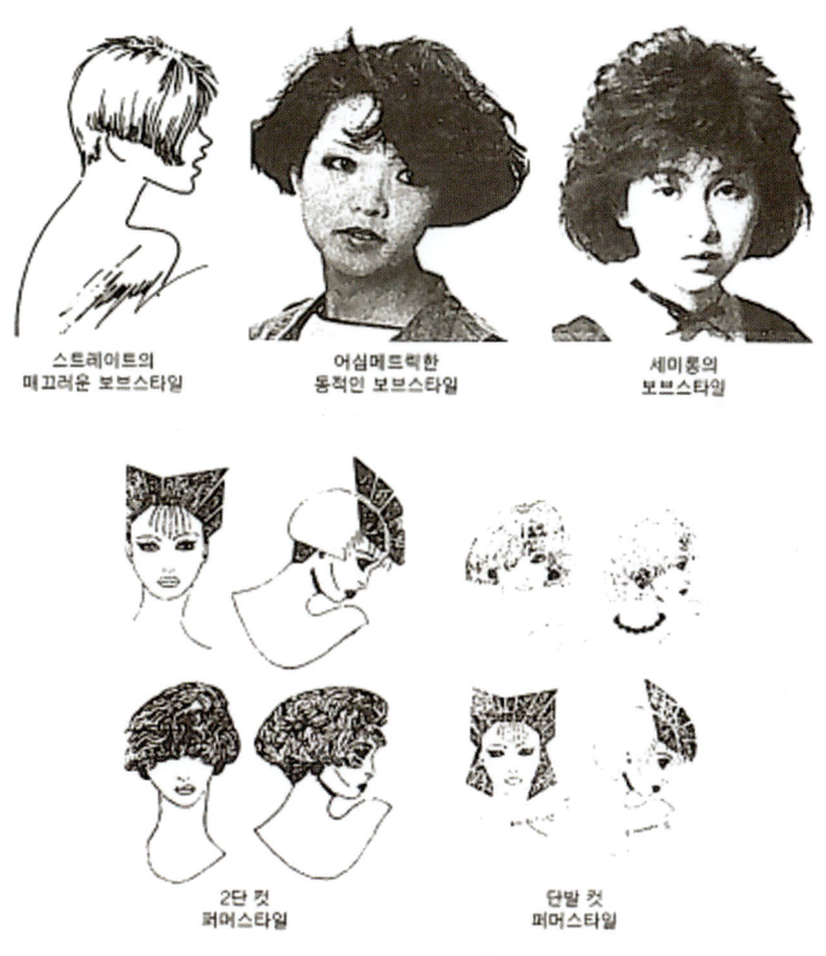

▲ 그림 2-21. 소프트인 분위기를 갖는 3가지 보브스타일(미용화보, 1988)

최근 몇 년간 짧은 레이어 커트에 강한 컬의 펌이 주류를 이루어 왔는데 작년부터 자연스런 머리에 대한 향수를 불러일으켜 스트레이트스타일이 등장하기 시작했다.

유행에 민감한 여성은 단발직모 머리를 주로 했다.

중단발기장의 보브(단발) 스타일의 특징은 손질하기 쉽고 기능적이며 아름답고 풍부한 움직임이 있어서 80년대의 젊음과 여성적인 침착함을 반영할 수 있고 다양한 변화를 추구하고자 하는 여성의 의식과도 일치하고 있다. 80년대의 우리나라 미용업계는 미용의 국제화 시대로 접어들었다.

세계 미용가들의 새로운 헤어컬렉션을 본 우리나라 미용인들은 이러한 머리형태를 고객들에게 보급해 세계유행을 빠르게 따라갔다.

한편, 1980년대 중반에는 펌의 디자인이 다양해짐에 따라 웨이브 컬에 싫증이 난 젊은 여성층에서 스트레이트파마와 풀어헤친 듯한 웨이브 파마가 함께 유행하였다. 1980년대 중반부터 후반에 걸쳐서는 헤어무스와 젤, 스프레이를 사용하여 앞머리를 세우는 스타일이 유행했다. 1988년 서울에서 올림픽이 개최됨에 따라 미용계는 더욱 국제화하였고 미용패션에서도 더욱 개성을 추구하여 어떤 한 가지의 유행 스타일에 머무르지 않았다.

치마에서 미니와 샤넬, 미디, 맥시 등의 길고 짧은 스커트가 유행하듯이 머리도 다양한 길이의 스타일이 공존하면서 유행하였다. 젊은 여성들 사이에서는 가볍게 풀어헤친 듯한 긴 머리의 파마 스타일이 스트레이트의 긴 머리와 함께 유행하였고, 나이 든 여성들 사이에서는 어느 길이든 굵게 파마하여 컬이 두드러진 헤어 스타일이 유행하였다. 젊은 여성들 사이에서는 머리핀과 리본이 새로운 헤어패션의 하나로 등장하였다. 저렴한 가격의 머리 장식 핀들이 대학가나 명동의 손수레에서 판매되었다. 1980년대 후반인 1989년도부터 톱 부위를 높이 세운 차분한 스트레이트헤어와 끝 말음이 우아한 세트 감각의 웨이브를 주는 보브 스타일이 서서히 등장하기 시작하였다. 1980년대 후반부터 전체적인 머리의 염색보다는 악센트를 주거나 컬러의 조화가 돋보이는 대담한 부분염색이 이용되기 시작한 것이다. 헤어 컬러링은 헤어 패션에 필수적 아이템이 되어 1990년대에 들어서면서 정착되어 갔다.

6) 1990년대(1989~1998)

1990년대는 여성들이 각자의 개성을 추구하는 풍조가 정착되는 시대이자 라이프스타일에 따른 머리형태가 정착되는 시기라고 할 수 있다. 우선 1990년대 초에는 1960년대 복고풍으로 돌아가, 크라운 부위에 둥글게 양감을 살리면서 현대 감각에 맞게 재창조한 스트레이트하고 자연스런 움직임이 있는 스타일이 유행하기 시작했다. 1991년도 유행 머리형태 경향을 미용회보지에서 소개한 것은 아래 그림과 같다. 90년도 후반부터 서서히 일기 시작한 91년도의 유행 경향은 60년대의 스타일과 비슷하면서도 현대 감각에 맞추어 약간씩 변형된 듯하다. 그때에는 주로 레이저 커트를 하였기 때문에 위

▲ 그림 2-22. 1990년대 레이저를 이용한 헤어컷(화장형태회보, 1990)

쪽에는 약간의 볼륨이 생기면서 아래쪽은 자연스럽게 좁혀든 것이 특징이었다.

1991년도 헤어 커트의 유행은 주로 레이저(lazor)를 사용하여야 했다. 아니면 먼저 커트 가위로 스타일을 만든 다음 머리카락 끝 쪽에서 3~4cm 길이로부터 긁어내리듯이 레이저로 체크를 해준다. 이렇게 마무리를 해주면 자연히 위쪽에 볼륨이 생기면서 아래쪽은 좁아들게 된다. 또는 머리 전체를 레이저로 긁듯이 체크를 하면 낙차가 심하면서 차분한 머리 형태를 이룬다. 여태까지 사용한 숱 치는 가위는 머리카락 끝을 사각으로 만들지만 레이저를 사용한 머리카락 끝은 칼집 끝(tips)같이 납작하면서도 뾰족하게 된다.

특히 당시 유행의 중점은 차분하면서도 반항적이고 좀 건방진 듯한 스타일이다. 또는 여성스러우면서도(feminine) 남자 같이 옆머리를 구레나룻처럼 만들어 실고 부느럽게 늘어뜨리고 엎모습은 콘게이브형태로 구부러진 옆일굴 쪽에 깅

한 선이 이채롭게 보이는 디자인과 얼핏 보아서는 종전의 스타일과 비슷하지만 레이저를 사용했기 때문에 머리끝선과 전체의 분위기는 전혀 다른 디자인이다.

펌 스타일이 여전히 유행하였지만 한 가지의 펌 롯드에 의해서가 아니라 여러 가지로 개발된 롯드에 의해 자연스러우면서도 새로운 웨이브의 흐름으로 가고 있었고, 아이론이나 세팅은 외면하였다. 그러나 1990년대 중반부터는 복고풍의 바람으로 세팅과 아이론이 재등장하여 머리끝을 바깥말음이나 안말음으로 볼륨 있는 여성다움의 머리 모양을 하기 시작하였다. 그러나 어떤 고정된 하나의 형에 머물지 않았다. 치마에서 길이가 짧은 미니와 길이가 긴 스커트가 어우러져 유행하고 있듯이 머리형 역시 길이나 양감에 관계없이 취향에 따라 선택되었다.

또 한편에서는 복고풍과 무관하게 가위를 사용한 디자인 커트로 전체의 스타일을 만든 다음, 머리끝 부분은 레이저로 긁어내리듯 뾰족하게 하여 자유분방하고 불규칙한 느낌을 주는 개성추구형 머리형태가 유행하고 있다. 곧 가볍게 보이는 스타일로 어떤 고정관념을 주기보다는 많은 변화를 줄 수 있는 다양한 연출이 가능한 머리형이다. 이를테면 바쁜 일상생활에서 블로우 드라이나 세팅을 하지 않고, 굵고 완만한 웨이브의 파마를 한 다음 머리에 무스나 젤을 발라서 몇 가닥씩 나누어 손가락으로 웨이브나 컬을 그대로 살리는 것이다. 특히 윤기 있고 자유분방한 머리, 부드러움과 볼륨이 있는 형태이다. 1994년에 이르러 젊은 여성들은 더욱 적극적으로 밴드와 핀을 사용하여 머리에 악센트를 주고 있다. 머리형태의 실루엣은 짧은 머리이든 긴 머리이든 모발의 길이와 조화되어, 여러 가지 형태를 얼굴형에 맞추어 참조하게 되어 어느 때보다도 헤어디자이너의 전문성이 요구되었다. 헤어 컬러링은 1990년대에 들어와서 더욱 다양해지고 헤어 패션의 하나로 자리 잡고 있다. 머리 전체를 염색하기도 하지만 새로운 염색의 테크닉으로 모발 다발(메슈)을 블리치(bleach) 해서 다양한 색깔로 염색한다. 컬러의 시대에 맞게 여러 가지의 색깔을 머리 카락에 넣어서 느낌이 생생하도록 하고 헤어 전체의 컬러가 주는 입체감을 즐기는 여성들이 많아지고 있다. 머리다발을 염색하는 기술과 모근 부분을 짙게 하고 모발 끝을 밝게 하는 기술, 그리고 색깔 혼합에 의한 미묘한 뉘앙스의 발견 등 헤어디자이너의 센스는 어느 때보다도 전문화하고 있다. 또 하나의 특징은 패션 가발이라는 단어가 말하듯이, 자기 고유의 한 가지 머리 스타일에서 벗어나 변화를 추구하는 풍조가 연예계나 최첨단의 멋을 추구하는 여성들 사이에서 유행되었다. 짧은 머리의 여성이 긴 머리 스타일을 하고 싶을 때는 긴 머리 가발을 사용하고, 긴 머리의 여성이 짧은 커트 스타일의 머리를 하고 싶을 때는 짧은 머리의 가발을 사용한다. 신체의 일부분인 머리에 자유로운 감성 표현이 돋보이고 있다.

20세기 서양의 미용문화

화장의 변화

1890년 사진기의 발명은 시각적인 재생의 양상에 커다란 혁신을 가져와 그전까지 잡지 속에서 삽화나 도판에 의해 표현되었던 것을 빠르고 생생한 모습의 사진으로 대체함으로써 잡지의 다량 보급을 가능하게 하였다. 초기에 나타난 잡지는 상류사회 여성들이나 연극배우들의 사회적 활동이나 그들이 착용한 의복, 장신구, 화장형태 등 이미 당시에 유행하고 있던 미를 기록하는 데 중립을 두었다.

제1차 세계대전 이후에는 부와 명성을 가진 사람들, 할리우드 스타들의 화려한 생활, 여행, 댄스파티, 그들의 의복과 외모에 관한 모든 것을 사진에 담아 독자들로 하여금 그들의 세계에 대한 동경을 불러일으켰고, 그들과 같이 되고자 하는 소비를 자극하였다. 30년대에 와서는 상류사회의 미를 기록하고 보여주었던 잡지의 기능을 독자 혹은 소비자에게 미에 가까이 가기 위해서는 어떻게 하는가를 제시하기 시작했다. 50년대 이후 60년대 잡지의 표지모델이나 패션모델은 미의 스타가 되었다. 이를 만드는 사진작가와 모델들이 미에서의 취향을 좌우하기 시작했다. 60년대 잡지의 기능은 단순히 여성들의 미에 대해 가르쳐 주는 것이 아니라 앞으로의 패션

▲ 그림 3-1. 아르누보 영향의 패션 헤어스타일

▲ 그림 3-2. 깁슨걸

▲ 그림 3-3. 1910년 터키, 아라비아 중동지역의 영향을 받은 의상

경향과 유행의 방향을 미리 예측 제시했다.[8] 잡지는 패션을 전파하고 확립하는 데 빼놓을 수 없는 요소가 되었으며, 패션뿐만 아니라 전반적인 대중문화를 전달하는 매체로서 그 역할이 더욱 중요해졌다.

초기에는 주로 의복의 유행을 중심으로 한 내용에서 점차 다양한 독자층을 대상으로 풍부한 소재와 자신의 관리와 아름다움에 관해 소개하였다. 이에 따라 화장품과 화장법, 유행하는 색조 등을 제시했고 유행을 선도하게 되었다. 또한 영화의 발전은 잡지의 발전 못지않게 패션 역사에 있어서 또 하나의 혁신을 일으켰다. 최초의 영화산업이 프랑스에서 시작되긴 했으나 대중적으로 만든 것은 미국의 할리우드 제작자였다. 뚜렷한 계급의식에 의한 신분의 차이가 절대적이었던 유럽 사회와 달리 미국은 누구나 부를 쌓고 사회적 명성을 얻어 유명해질 수 있는 사회였으며 영화스타들은 대중의 동경으로 거대한 관심의 대상이 되었다. 그러므로 스타는 당시의 사회가 지니고 있는 어떤 모순들이나 갈등을 직접적인 방식으로 드러내는 이미지라고 볼 수 있었다. 즉 스타를 읽으면 당시 사회의 모순이나 갈등, 욕망을 읽어낼 수 있다는 이야기다(장현두, 1998).

최신 모드를 입는 스타들의 등장은 새로운 미의 기준이 되었고, 영화는 살아있는 패션잡지로서 할리우드 영화의 전성기인 30, 40년대에 절정을 이루었고 50년대까지도 화면에 비친 배우들의 화장법이나 머리형태 그들의 복식과 화장형태가 패션

---

8 Robin tolmach Lokoaff & Raquell Scherr, Face Value the politics of Beauty Rouhedge Kegan Paul, 1984, pp.98~100.

▲ 그림 3-4. 동양풍의 밝은 색조의 화장형태

의 흐름을 결정짓는 중요한 요소로서 대다수의 여성들에게 획일적으로 모방되었다. 영화 기술의 발달과 컬러 필름의 도입으로 배우 얼굴을 매우 섬세하게 가까이 보여줌으로써 세련되게 화장한 여배우의 이미지로 화장 기법과 화장품의 발달은 가속되었다. 50년대 후반부터 텔레비전의 확산과 다양한 인쇄 매체의 출현, 새로운 청년층의 등장과 함께 청년문화, 대중음악 등이 나타나면서 이전까지 절대적으로 우상시되던 영화스타의 영향력은 점차 감소하였으며, 대중의 취향은 연령과 집단에 따라 다양해졌다. 60년대 이후에는 소비가 중요시되고 이를 위한 광고와 선전이 전문화되면서 소비를 자극하기 위한 상품으로 여성의 취미와 육체는 상업적으로 이용되었고 대중 매체와 광고의 역할은 더욱 중요해졌다.

50년대까지는 주로 영화배우가 유행 선도자였고, 60년대 중반에는 그 시대마다 유행의 선도자가 유명 인사, 패션모델, 광고모델, 대중가수 등 다양했다. 이들을 중심으로 화장법의 색채와 형태를 서술하고자 한다.

1) 1900년대(1899~1909)

1900년대는 아르누보의 영향으로 패션은 S-커브였다. 이 흐르는 듯한 라인은 20세기의 새로운 감각을 표현했다. 이 시대의 대표적인 패션의 외형은 깁슨 걸(gibson girl) 실루엣이라고 불렸다. 이 깁슨 걸은 미국에 대중적으로 유행했으며, 그녀의 머리형태와 의상은 이 시대의 대표적인 유행 선도자의 모습이었다.

큰 키에 선량한 눈, 균형 잡힌 긴 목에 물결치는 긴 머리카락, 넓은 어깨에 테니스, 골프, 승마 등 만능운동선수로 그려진 깁슨 걸은 미국 젊은이의 연인이 되었고, 그녀의 얼굴은 베개, 이불, 접시, 컵, 벽지 등에 캐릭터가 되어 팔렸다. 이 시대에는 우윳빛 피부의 흰 피부가 미인의 전형이고, 자연스런 화장이 계속되었다. 희고 투명한 피부에 대한 선호로 이를 위한 크림이나 로션을 가장 많이 사하였고 다듬지 않은 자연스러운 눈썹을 하는 점잖은 화장을 선호하였다.

2) 1910년대(1909~1919)

1910년대 영국, 미국, 프랑스의 화장의 주된 흐름은 도덕과 윤리를 바탕으로 한 보수적인 점잖은 화장을 강조한 자연스런 화장이었다. 따라서 화장은 여성의 신분을 그대로 나타내는 것으로, 짙은 화장은 행실이 부도덕한 여성이 하는 것이었다. 그러나 프랑스 파리의 여성들은 달랐다. 즉 파리 여성의 대담하고 화려한 화장은 곧 프랑스 파리의 자존심이자 전통이었다. 그래서 극장의 여배우들의 화장은 곧바로 파리의 일반여성들에게 퍼졌다. 그녀들은 마스카라 등 눈 화장은 짙게,

▲ 그림 3-5. Clara Bow   ▲ 그림 3-6. Theda Bara

볼연지는 붉게 하고 짙은 입술을 그렸다.

1910년 러시아의 디아 길레프[9] 발레단의 파리공연에 의해서 오리엔탈 붐이 일어나고 미술계에서는 입체화의 전람회가 열렸다.[10] 동양적인 신비스러움과 눈부신 색채의 화려한 무대장치, 의상과 화장은 유행에 지대한 영향을 주었다. 오리엔탈 붐이 일어나 동양적이고 신비스럽고 강한 색조가 인기를 끌게 되자 화장의 색조도 풍부해지기 시작하였다. 특히 디자이너 풀 푸아레에 의해 전개된 오리엔탈 분위기의 의상과 이에 어울리는 화장이 등장했다. 밝은 색이 인기를 끌게 되어 핑크나 붉은 입술이 등장했으며 속

▲ 그림 3-7. Colleen Moore

눈썹을 위로 말아 올리고 눈썹을 검게 칠하는 새로운 기법의 눈 화장이 터키, 아라비아 중동 지역의 의상과 함께 유행했다. 또한 눈을 옆으로 길어 보이게 하는 아이라인 눈썹과 눈 사이에 황색 분이나 강열한 색으로 바르는 동양적인 분위기의 눈 화장 등은 패션을 의식하는 선도적인 여성들에 의해 시도되었다.[11] 무용가 Anna Pablova의 무대 화장은 파리를 지배했다. 그녀의 밝고 강렬한 색깔의 화장은 그때까지 영국 빅토리아 여왕시절의 파스텔톤[12]의 화장 일색이던 것을 밝고 강렬한 색상의 화장으로 변화시켰다.

<hr>

9 참고: 1909년 니진스키와 세르게이의 아질레프가 인솔한 러시아 발레단은 '불새', '패트루시카', '봄의 축제' 등 동양적 분위기의 작품을 파리에서 공연하였는데 레옹 바스크의 동양적인 신비와 눈부시게 아름다운 색채의 무대 장식과 무대 의상은 유럽의 복식, 실내장식 등 장식예술 전반에 커다란 영향을 주며 오리엔탈 붐을 일으켰다.

10 靑木英夫, 西洋化粧文化史, 原流社, 1979, p.57.

11 靑木英夫, 전게서, p.59.

12 Nathalie chahine, 100 ANS ED BEAUTE, Editions Atlas S.A., paris, 1996, p.34.

3) 1920년대(1919~1929)

　1923년 뉴욕에 모델 전문공급 회사가 생기고 모델은 프로 직업인으로 여성의 선망의 대상인 인기 직업이 된다. 화장품 업계의 여왕 Helena Rubinstein이 여배우 Theda Bara의 분장을 맡아 'vamp look'을 창안, 여자를 섹시 심벌로 상품화하는 데 성공했다. Theda Bara는 풍만하고 육감적인 미모로 남성을 매혹시키는 glamour star 1호가 되었다. 'vamp look'은 작은 악마 같은 요염한 모습에 화장은 두껍고 입술은 크게, 머리는 자다 깬 듯이 헝클어진 스타일이었다. 마치 창녀나 요부 같은 모습의 자극적인 섹시 스타일이었다. 'vamp look'과는 정반대의 이미지를 풍겨주는 천진난만형의 베이비 룩(Baby Look)도 할리우드에서 만들어졌다. 남자들이 사랑하고 싶은 마음이 솟아나도록 만드는 또 하나의 여인상이었다. 마스크를 쓴 것처럼 하얗게 분칠한 얼굴에 원래 입술보다 더 작게 보이는 도톰한 앵두 같은 입술, 엷은 아이섀도, 정교한 긴 가짜 속눈썹을 가진 여인의 모습이었다. 1920년대 중반부터는 쾌락적이고 활동적이며 자유분방한 여성 스타일이 할리우드 영화에 등장했다. Gloria Swanson은 Cecil B. Demille의 영화에서 세련된 도시 여성으로 초승달처럼 굽은 눈썹, 깨끗하고 섬세한 윤곽이 뚜렷한 입술, 완벽한 아이 화장, 깃털 같은 속눈썹, 특히 볼에 찍힌 애교점은 선풍적인 인기를 끌어 그녀를 상징하는 것이 되었다. 이 애교점은 전 세계로 유행되어 대부분의 여성들이 하고 다녔다.

▲ 그림 3-8. Louise Brooks

▲ 그림3-9. Josephine Baker

20년대 중반경에 이르면 유행을 좇아 앞서가는 여성들에 의해 자유로이 화장품이 사용되어 얼굴에 파우더를 바르고 눈가에 검정색의 라인을 그렸으며 눈꺼풀에도 검정 음영을 주었다.

눈썹을 가늘게 다듬거나 연필로 정교하게 그렸는데 이러한 눈썹은 이전까지의 자연스러운 얼굴에서 가장 두드러진 변화로서 화장한 얼굴을 더욱 낯설고 눈에 띄어 보이게 하였다. 입술을 아주 선명하고 반짝이는 붉은 색으로 진하게 강조하였는데 이를 가리켜 큐피드의 활(cupid's bow), 장미 봉오리(rose bud), 벌에 쏘인 듯한 뽀로통한 입술(divine bee-strung lips)[13]로 칭하였다. 이러한 뚜렷한 화장은 당시 새롭게 등장한 여성들에 의해 먼저 주도되었다. 플래퍼(flapper) 혹은 가르손느라는 명칭을 가진 이들로 20년대의 새로운 삶에 대한 흥분과 자유로운 생명력을 대변하였다.

이 시대 유행선도자의 모습은 코르셋을 제거하여 더욱 기능적이고 단순화된 짧아진 치마와 가슴을 강조하지 않은 모습과 선명한 화장으로 작고 둥근 얼굴, 뾰족 내민 입술, 둥근 눈에 오똑한 코를 강조하였고, 소년과 같이 짧게 자른 단발머리를 특징으로 하였다.

20년대의 특징적인 화장은 대중적인 오락으로 자리 잡기 시작한 영화의 발달로 더욱 확대되었다. 새로운 부와 명성으로 일반에게 유명해진 할리우드 영화스타의 영향은 막강하였다. 일반대중들의 선망의 대상이었던 스타들의 화장과 의상, 심지어는 행동이나 태도까지도 추종되고 모방되었다. 결론적으로 1920년대의 화장은 여성의 이상적 미를 표현하는 보편적인 화장으로 인조 미인을 만드는 것이었다. 색깔을 대담하게 사용해서 자연스런 화장이 아닌 인위적으로 다듬은 짙은 색깔로 그림 그리듯 '만드는 화장'이었다. 눈썹은 뽑아서 아주 가느다랗게 실낱같은 초승달 눈썹을 만들고 그 위에 다시 눈썹연필로 그리고 아이섀도는 비취색 또는 초록색이나 짙은 갈색이었다. 입술 화장은 또렷하고 선명하게 강조시키고 작게 표현했다. 인조 속눈썹과 코올을 아이라이너로 사용했으며 루주는 볼에 둥그렇게 발랐다.

할리우드의 대표적 플래퍼 스타일 여배우는 Josephine Baker, Clara Bow, Colleen Moore, Louise Brooks였다.

---

13 David bond, Glamour in fashion Guiness publishing, 1992, p.15.

4) 1930년대(1929~1939)

▲ 그림 3-10. Greta Garbo

1930년대는 조화와 균형형의 개성미가 돋보이던 시대이다.

제1차 세계대전 후에 와서는 누구나 화장을 하는 것은 당연한 것이 되어 화장품 사용이 점차 일반화되었고 화장은 마음을 반영하는 것으로 관심을 집중시키는 부분이 되었다. 지나치게 어두운 화장은 인기가 없었으나 여성들은 우유 같은 흰색이나 핑크색의 뺨을 더 이상 선호하지 않았다. 새로운 이상형은 햇빛 탄 검은 피부였다.

눈썹은 가늘게 깎고 눈썹연필로 그려서 아치형으로 만들었다. 입술은 연지로 그 형태를 고쳤다. 입술연지의 색깔을 자색에서 적황색에 이르기까지 여러 색이 사용되었다.

○ 샤넬의 등장

의상디자이너 코코 샤넬이 이전과는 다른 새롭고도 파격적인 썬텐 유행을 창조하는데 이는 당시 지중해 연안에서 여름휴가를 즐길 수 있는 것은 상류층이었고 썬텐은 상류계급의 신분증이 된 셈이 되었다.

또한 샤넬드레스에 알맞은 머리 모양은 짧게 커트한 것인데 머리에다 산이 길고 중형으로 되어 있는 크로쉬라는 모자를 썼다. 이 모자의 유행으로 지금까지

▲ 그림 3-11. Jean rawford

머리를 자르는 것을 두려워하던 여성들이 머리를 단발로 잘랐다. 여성이 모발을 커트하는 것은 여성의 해방의 확실한 상징이었다. 이러한 머리형에 맞는 화장형태로 샤넬은 검게 칠한 눈과 선명하게 그린 입술을 조화시켰다. 한편 아이섀도는 동양풍으로 바르기도 하였고 손톱은 산호색으로 빨갛게 칠했다.

1924년 장 파토우(Jean Patou)는 이 유행에 맞춰 세계 최초의 sunlotion 'huile de caldee'를 발매했고, 미국에서는 'instant tan'이 시장에 나온 지 10일

만에 2백만 병이 팔리는 이변이 일어났다.

1930년대가 되어 경제공황이 닥치면서 허리선은 제 위치로 돌아오고 스커트는 길어졌다. 실루엣은 H자형에서 X자형으로 옮겨졌으며 20년대에 비하여 복잡하고 세련된 분위기를 나타내었다. 하이힐이 부활하고 머리도 퍼머넌트 웨이브가 생겨 20년대의 극단적인 쇼트의 짧은 머리 스타일이 모습을 감춤으로써 전반적으로 말끔하고 세련된 성인다운 분위기를 이루었다. 경제공황 시기에 사람들은 현실의 어려움을 영화의 화려함으로 잊고자 하여 할리우드 영화가 전성기를 맞이하게 되었다. 특별히 이 시대에는 미국 영화배우의 화장과 머리 모양의 유행에 큰 영향을 끼치게 되었다. 30년대의 화장은 20년대와는 다르게 변화된 새로운 이미지의 여성을 만들었는데 과거보다 더 진하고 숙련된 기술로서 성숙한 분위기를 연출하였다. 파운데이션으로 완벽하게 덮은 얼굴에 눈의 윤곽선을 선명하고 더욱 기교적으로 그렸으며 작게 오므린 입술은 이제 유행에 뒤처진 형태가 되었고, 크게 그려진 입술이 얼굴의 강조점이 되었다.

30년대의 여성들은 보편적으로 화장품을 사용하고 화장술을 배워 스타들의 이상적인 모습을 모방하고 추종하였다. 당시 불황이라는 시대적 상황에도 불구하고 여성들은 화장을 비롯하여 세련된 치장에 대한 관심과 선호가 계속되었는데 이는 불확실하고 어두운 현실에서 벗어나 도피를 하고자 했던 당시의 사회적 분위기를 반영한 것이다.

경제적 침체라는 어두운 현실에서 도피적인 태도를 보이는 낙천주의가 확대되면서 영화는 아주 중요한 대중문화였으며, 사회적인 인식과 가치 형성에 커다란 영향을 주었다. 할리우드의 영화 산업은 이제 신화를 만들어 내고 창조하는 커다란 산업으로서 스타들은 전 세계적인 아름다움의 기준으로 인식되었고, 그 어떤 시기보다 더 많은 사람들에 의해 동시에 숭배된 적이 없었다.

영화 스타들의 변화는 시대적 요구의 반영이며 한편으로는 이러한 유형은 여성 이미지를 일반 대중에게 더욱 확산시키는 기

▲ 그림 3-12. Rita Hayworts

▲ 그림 3-13. Jean Harlow

▲ 그림 3-14. Marlewe Dietrich

준이 되어 당시 여성들은 20년대의 모호했던 표정에서 윤곽이 뚜렷한 표정과 외모를 지닌 30년대 여성의 이미지[14]로 변화시키는 데 큰 영향을 주었다. 1920년대의 화장은 철저히 '변장'하는 화장술로 무조건 유행의 물결을 분별없이 따라갔던 시대였고, 1930년대는 용모, 외관 그리고 인품이 완벽하게 조화와 균형을 이루어 희랍조각 같은 탐미주의적 화장형태술로 철저히 인위적인 신비스러움, 아름다움이 강조되었다. 또한 각이 진 어깨와 얼굴, 크게 강조된 눈과 입, 어깨 길이까지 잘 정돈된 머리형태로 대표하였다.

　1930년대에 영향을 준 여배우 Greta Garbo, Marlewe Dietrich, Rita Hayworts는 이런 시대적 요구에 절묘하게 때맞춰 나타난 '20세기의 여인'들이었다. Greta Garbo는 그녀의 신비한 향기로 남성과 여성을 사로잡았다. 얼굴색은 밝고 눈썹은 가늘고 곡선적이며 진하게 그렸다. 아이화장은 눈뼈 부분의 하이라이트를 매우 강조하고 아이홀 화장으로 입체감을 나타냈으며, 검정색과 흰색으로 음영을 강조했다. 아이라이너는 길게 빼서 섹시한 느낌을 강조했으며, 속눈썹을 붙였다. 볼터치는 음영을 브라운 색으로 강하게 강조하여 볼이 들어가고 광대뼈가 매우 나와 보이도록 하고 입술은 둥글게 볼륨감 있게 그렸다. Greta Garbo의 신비스럽고 이국적이고도 냉소적인 모습은 30년대를 대표했던 스타로서 20년대의 Clara

14 Bevis Hillier · 조규화역, 20세기 양식, 서울: 수학사, 1993, p.114.

Bow를 대신하여 새로운 美와 행동의 기준이 되었다. 가늘고 매우 곡선적으로 그린 아치형의 눈썹과 실제보다 두껍게 강조한 멜론 립스(melon lips) 형태의 입술 화장은 그녀의 머리형태나 의상과 함께 모방되었다. Greta Garbo나 Marlcne Dictrich 등으로 대표되는 신비한 여성의 유형이 현실을 잊게 해 주었다. 이러한 매혹적인 여성들을 묘사하기 위한 '글래머스(glamourous)'란 말이 이 시기부터 사용되기 시작했다.

이렇게 화면에서 보이는 스타의 얼굴로부터 관중들은 그들이 좋아하는 취향을 선택했다. 당시 활약했던 Greta Garbo의 움푹 꺼진 눈과 가늘고 정교하게 정리하여 그린 눈썹이 유행했다. Dictrich의 가는 눈썹과 야윈 볼, Joan Crawford의 나비 형태의 뚜렷하게 강조된 입술, Tall Mea West의 육감적인 신체선과 관능적인 음탕함, Jean Harsow의 백금색 머리카락, Ketherine Hepbum의 붉은 머리와 주근깨, Vivien Leigh의 흰 피부, 초록빛 눈동자와 짙붉은 머리의 집시적인 조화[15] 등 이러한 영화배우의 모습과 화장은 당시의 패션의 이미지를 주도하였다 해도 과언이 아니었다. 이 시기 대부분의 여성들은 모두 검정 혹은 푸른색의 마스카라로 화장한 신비한 눈매, Jean Crawford의 나비형태의 뚜렷한 입술과 확대 거울을 이용하여 훤하게 뽑고 정교하게 그린 눈썹을 모방하였다. 이러한 인위적인 눈썹은 한쪽을 다듬는 데 거의 1시간이 걸렸고 미용실에서 개별적으로 해야만 했으므로 그 비용상 여유 있는 사람에게만 국한되었

▲ 그림 3-15. Joan Crawford

▲ 그림 3-16. 정교하게 그려진 입술, 눈썹 Max factor의 분장용 화장품으로 연출된 진 할로우의 모습

---

15 Geogina Howell, In Vogue, London: Ramdon House, 1975, p.109.

다. 30년대 중반부터 머리색에 변화를 주기 위한 헤어락카와 헤어브리치가 본격화되기 시작하면서 미국 영화스타인 Jean Harlow의 흐린 금발을 가리키는 백금색(platinum blonde)으로 염색하는 것이 매우 유행하였다.

　영화 산업의 발달과 함께 배우들의 화장을 전문적으로 개발하고 연구하였던 화장품 회사 Max Factor는 대중들에게 영화에서의 화장 기법이 유행함에 따라 1936년 런던에 미용 살롱을 열어 더욱 일반화시켰다.

　이상에서 살펴본 바와 같이 30년대 여성의 이상적 유형이 경제적 불황과 침체의 어두운 현실에 의해 진지하고 성인다운 세련됨이 강조되자 화장도 성숙하고 신비한 분위기를 갖는 정교하고 가늘게 그린 긴 눈썹이 유행하였고, 크고 선명한 입술이 강조점이 되어 거의 모든 여성들에게 획일적으로 모방되었다.

5) 1940년대(1939~1949)

　제2차 세계대전을 치르면서 유능하고 성숙돼야 한다는 가치 성향이 더욱 자극되어 크게 그린 입술과 힘차게 그려진 두꺼운 눈썹이 일하는 여성의 얼굴에 자리 잡았으며, Joan Crawford 그림 Katharine Hepburn과 같은 영화 스타들이 이

▲ 그림 3-17. 립스틱 컬러와 네일 컬러의 조화

▲ 그림 3-18. PAN-CAKE

러한 강인한 이미지를 대표했다. 특히 Joan Crawfords lips이라는 나비 모양의 직선적이며 뚜렷한 입매가 크게 모방되었다. 화장은 이전보다 더 두꺼워졌다. Max Factor에 의해 만들어진 영화의 분장용으로 개발된 완벽하게 피부를 덮어주는 pan-cake을 사용하여 피부표면에 부드러운 바탕색을 만든 뒤 파우더로 덮고 자연스러우면서도 선명한 눈 화장과 풍만하고 진하게 강조된 입이 초점이었다. 특히 선명하고 반짝이는 빨간 입술과 이에 어울리는 빨간색 손톱과 발톱을 매치하는 것이 당시 유행하는 화장법이었다. 또한 금발이나 붉은 머리색상이 유행함에 따라 두드러지게 염색을 하였다.

이러한 화장의 경향은 전쟁 중에 등장한 핀업걸(pin-up girl)과 함께 성적 매력이 강조된 Veronica Lake, Betty Grable 등과 같은 배우들에 의해 더욱 확대되었다. 한편 컬러 필름의 등장으로 영화 속에서의 화장

▲ 그림 3-19. 크리스티안 디올의 New Look

▲ 그림 3-20. Brigitte Bardot

▲ 그림 3-21. 에바가드너

▲ 그림 3-22. Marilyn Monroe

▲ 그림 3-23. 브르짓드 바르도(Brigitte Bardot)

및 의상에 한층 주의를 기울이게 되면서 화장품 산업을 더욱 발전시키는 계기가 되었다. 그 결과 가늘지만 뚜렷한 표현이 가능한 눈썹용 펜슬이 고안되었으며, 광택 있는 입술 등 더욱 다양하고 풍부한 색조 화장을 하게 되었다. 긴 눈썹 대신 두껍고 또렷하게 곡선적인 형태를 띠는 눈썹 등 관능적이면서 생동감 있는 표현 형태가 지배적으로 나타났다. 이 시대의 대표적 패션디자이너로 엘자 스키아라벨리(Elsa Schiaparelli)(1890~1973)는 의상뿐만 아니라 화장품에도 큰 영향을 미쳤다. 색채 감각은 유니크하고 흑과 백을 기초로 하였으나 쇼킹 핑크라는 분홍색을 유행시켰는데 30년대의 활기 없는 시대에 이 쇼킹핑크는 당시의 사람들에게 삶의 가치를 느끼게 했다. 또한 입술 연지, 매니큐어 등 모든 화장품에 유행색이 되었다.

제2차 세계대전 이후 이 시대의 의상으로 대표되는 뉴룩(New Look)은 머리에서 발끝까지의 패션을 바꾸어 놓았고, 사람들은 두상을 되도록 작게 만들려고 노력했다.

귀족적 현대 착장미의 표현인 뉴룩의 화장은 입술과 눈썹을 아주 섬세하고 윤곽을 뚜렷하게 표현하여 의복과 조화를 이루게 했다.[16] 헤어의 부피를 작게 표현해야 뉴룩과 잘 어울리기 때문에 당시의 머리는 머리 꼭대기에 있는 쪽진 머리 안으로 부드럽게 빗어 넘기거나 한쪽으로 빗어 말아 올렸다. 모자는 더욱 작아졌고 더 부드러운 모양이었으며, 베일링이나 깃털뭉치로 가볍게 장식한 pill box나 베레모가 유행되었다. 1940년과 1950년 사이는 세미, short시대로서 47년에 이어 머리부피를 작게 손질하는 데 주안점을 두었다. 여성들의 40년대 후반의 머리형태는 더욱더 부드러웠고 손질하기가 쉬웠다. 긴 머리의 머리형태는 짧은 머리형태보다 늙어 보

---

16 김희숙 · 이은임, 화장형태와 패션, 서울: 수문사, 1996, p.49.

인다고 생각하여 머리는 더욱 짧아졌으며, 화장의 강조점이 눈으로 바뀌었다. 눈썹은 두껍게 그려졌으며 눈 끝은 더 길게 위로 올려 그렸다. 전쟁 이후 생활양식과 사고방식의 변화로 모자는 사라졌으며 머리형태가 중요하게 대두되었다. 세련되고 인위적인 신비스러움을 지녔던 30년대의 이상적 여성미와 달리 제2차 세계대전의 발발과 함께 성적여신(sexg addess)이란 말로 표현되는 육체적으로 관능적인 외모가 40년대의 이상적인 모습이었다. 화장도 가늘고 신비스러운 긴 눈썹 대신 두껍고 또렷하게 곡선적인 형태를 띠는 눈썹 등 관능적이면서 생동감 있는 표현 형태가 지배적이었다. 제2차 세계대전이 끝나면서 유럽에서는 전쟁과 긴축생활에 대한 자연스런 반발로 새로운 여성스러움이 부활하였다. 여성들의 화장은 뚜렷한 입매의 강조에서 벗어나 두꺼우면서도 여성적으로 곡선을 이룬 눈썹과 아이펜슬로 눈꼬리 부문을 추켜올려 표현하는 눈이 새로운 강조점이 되었다. 하얀 핑크조로, 입술을 풍만하고 여성적으로 그렸는데 이와 같이 강렬하면서 가식적인 화장이 50년 동안 계속되었다.

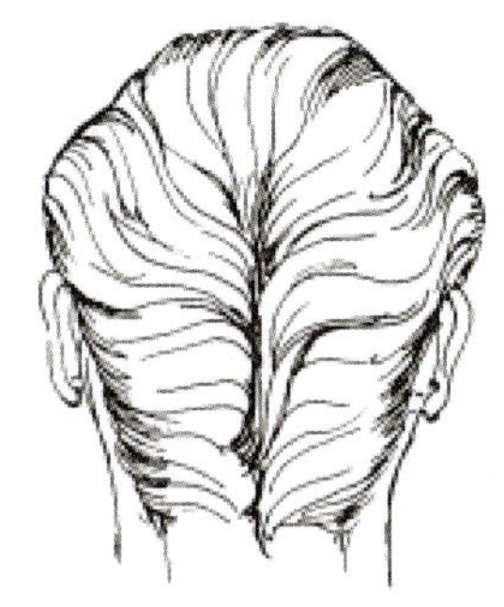

▲ 그림 3-24. 제임스 딘의 헤어스타일

6) 1950년대(1949~1959)

1920년대에서 40년대까지는 유럽 문화권을 중심으로 모든 것이 유행하였는데, 세계대전의 영향으로 50~60년대는 미국문화가 중심을 이루게 되었다. 50년대는 전쟁이 끝나고 모든 것이 다시 시작되는 문명개발의 시기였다. 또한 이때부터 영화, TV, 카메라의 등장으로 색깔을 중요시했다. 밝은 색의 피부톤에 약간 인위적인 화장을 했으며, 눈썹은 두껍고 진하며 속눈썹을 강하게 붙였다. 아이라이너는 길게 그리고 얼

▲ 그림 3-25. 50년대의 인위적인 눈의 표현

굴의 윤곽을 매우 강조했다. 입술은 새빨간색을 발랐고 마릴린 먼로의 영향으로 얼굴에 점을 많이 찍었다. 젊은 이들은 미국 영화배우들의 패션에 주목했다. 엘비스 프레슬리, 제임스 딘의 스타일을 모방하는 데 몰두했고, 캐주얼 재킷, 진을 입었으며, 헵번이 보여준 짧은 머리와 불규칙적인 앞머리가 유행했다. 그러나 이 시대 젊은 여성들에게 가장 강한 영향을 미친 사람은 바로 프랑스의 브르짓드 바르도(Brigitte Bardot)였다. 10대 후반과 20대 초반의 소녀들은 브르짓드 바르도와 같이 보이려고 애썼다. 머리카락은 고의로 흩뜨린 단정치 못한 스타일이었고, 앞은 부드러운 벌집 안으로 빗겨졌으며 뒤와 옆은 부드러운 웨이브와 컬 안으로 빗겨졌다. 눈은 진하게 화장을 하였으나 입술은 "옅은 핑크 립스틱"과 같은 흰빛의 분홍색이었다. 다양한 스타일로 변해가는 것이 1950년대의 할리우드의 특징. 이지적이면서도 냉정, 청초한 이미지를 풍겨주는 Grace Kelly와 완벽한 미인의 요소를 모두 갖추고 있는 Vivien Leigh의 얼음같이 차가우면서도 내면에 숨겨진 열정을 자제하는 총명한 지성이 대표적 미인 타입이었다.

한편 1953년, '신사는 금발을 좋아한다'에 나타난 Marilyn Monroe는 백치 같은 아름다움에 관능, 요염, 섹시하면서도 세속적인 감촉과 언제나 가까이 할 수 있을 것 같은 친숙한 모습으로 대중의 사랑을 받았다. 같은 해인 1953년, 할리우드는 또 다른 젊은이의 우상을 창조해냈다. '로마의 휴일'에서 Gregory Peck의 상대역으로 나온 Audrey Hepburn. 매스컴이 'today's wondergirl(신비에 쌓인 오늘의 소녀)'라고 다투어 격찬을 아끼지 않았던 Hepburn은 Monroe와는 정반대의 이미지를 가졌다. 성적 매력과는 멀고 커다란 눈의 아주 빈약한 체격을 가진 천진난만한 소녀였기 때문이었다. 그녀의 화장은 단순함 바로 그것이었다. 붉은 입술, 아이라인이 짙게 그려진 큰 눈망울에 발레를 배우는 소녀들이 입는 착 달라붙는 바지차림의 그녀가 보여준 것은 신선한 젊음이었다. 이상에서와 같이 50년대 여성의 미는 당시 전 세계적으로 우상시되었다. 영화스타들의 모습에서와 같이 남성에게 성적으로 매력을 주면서도 순종적인 미가 중요시되면서 화장은 풍만한 곡선을 강조한 눈썹과 관능적인 눈 화장이 강조점이 되었고 선정적인 붉은 입술 등의 표현 형태가 주도적이었다. 50년대의 여성스러움을 강조한 인위적인 눈의 표현은 당시 디자이너에 의해 독창적으로 제시된 구축적인 스타일의 의복 형태와 조화를 이루는 것으로 볼 수 있다. 영화, TV, 잡지로부터의 다양한 이미지가 증가하게 되면서 사진을 통해 보이는 아름다움을 단순한 효과보다는 더욱 새로운 충격을 필요로 하게 되었고, 이제는 디자이너와 아트 디렉터, 머리스타일리스트, 메이크업 아티스트, 사진작가의 총체적인 노력의 결과로 생산되는 상업적 상품이 되었다. 이러한 미를 둘러싼 산업에 있어서 모델의 역할과 가치는 필수적이었으며, 사진작가의 창조와 기술상의 밀접한 상호작용에 의해 전문 모델들은 아름다움의 취향을 좌우하기 시작하였고, 미의 산업화에 있어서 그 역할이 더욱 중요해졌다. 영화배우들은 1910년대 영화가 '대중에게 인기를 얻게 된 이래 시대의 이상적 미를 대표하거나 결정적인 영향을 끼치는 존재였으며, 화장의 변화는 바로 영화 스타들의 역사와 유사하다고 말할 수 있을 정도로 밀접한 관련이 있어 왔다. 이러한 관계는 50년대까지 계속되었으나 그 후 1950년대 후 텔레비전의 보급과 인쇄 매체, 대중문화의 홍수 속에서 스타로서 지녔던 영화배우들의 위력은 쇠퇴

▲ 그림 3-28. 1960년대의 눈 화장형태

▲ 그림 3-29. Jacqueline Bouviev Kennedy

하였고, 영화는 더 이상 그 신화적 가치를 유지할 수 없게 되었다. 따라서 영화배우보다는 상업주의에 의한 패션잡지나 패션광고, 텔레비전과 같은 대중매체를 통해 유명해진 전문 모델들이 미에 대한 소비를 자극하며 일반 대중의 선망의 대상이 되었다.

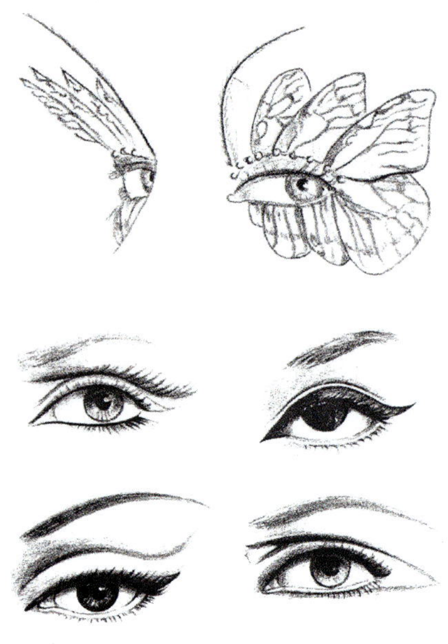

▲ 그림 3-31. 옵아트경향의 눈화장형태

▲ 그림 3-32. 아이라이너 강조의 눈화장형태

▲ 그림 3-30. 1960년대 엘리자베스 아덴에서 발표한 판타지 경향의 눈화장형태와 다양한 아이라이너 표현 형태

7) 1960년대(1959~1969)

▲ 그림 3-33. Twiggy의 헤어스타일

20세기 후반에 와서 화장은 이제까지 영화스타들을 중심으로 한 획일적인 모방의 단계에서 연령과 대상이 확대되면서 표현 형태의 다양성과 개성이 중요시되기 시작했다. 1960년대를 "혁명의 60년대(the revolution sixties)" 혹은 "격변의 60년대(the swinging)"[17]라 부르듯 급변하는 환경의 변화와 함께 혁신적인 젊음의 새로운 물결과 시대정신은 20세기 후반을 전반과 전혀 다른 방향으로 전개시켰다. 20세기 전반에는 이상적인 여성미를 기준으로 획일적으로 모방되었으나 60년대 이후부터는 미에 대한 기존의 가치 개념에 변화가 이루어지면서 화장은 사회 구성원에 따라 다양하게 등장하는 미의 표출 수단이 되었다. 60년대의 화장은

17 Bevis Hillier · 조규화 역, 20세기 양식, 서울: 수학사, 1993, p.196.

▲ 그림 3-34. 옵아트 영향의 패션

▲ 그림 3-35. Twiggy의 화장

인조 속눈썹 등으로 극단적으로 강조된 눈이 중심을 이루면서 자유롭고 기괴하며 사이키델릭한 상징이 되었고, 이는 다양성 개성화의 표현이 되었다.

젊은 미국의 상원의원 John F. Kennedy와 재클린의 화려한 결혼식은 미국 젊은 여성들의 부러움의 대상이었다. 엄청난 인기를 누린 케네디 대통령의 아내 재클린은 그녀의 생기발랄함과 단순한 아름다움으로 1960년대 초의 여성에게 강력한 영향력을 발휘했다. 그녀의 완벽한 화장, 진한 마스카라로 강조한 눈 화장과 눈썹, 티 없이 깨끗한 피부, 황갈색(tawny)의 립스틱(그녀는 단 한 번도 진한 붉은 색을 바른 적이 없었다)은 바른 그녀의 공식석상에서의 차림새는 건강하고 젊은 30대 매력의 이미지를 심어주기에 충분했다. 재클린은 1950년대의 직선적이고 형식에 얽매인 화장을 고상한 신선미로 대체한 1960년대 유행의 선도자였다. 머리형태는 더 높고 불룩한 머리모양이 유행했다. 1964년 젊은이들은 긴 직모 머리형태를 젊음의 상징으로 여겼다. 또한 이때부터 여성들은 유행하는 스타일을 무조건 모

▲ 그림 3-36. Sophia Loren

방하지 않게 되었다.

화장은 약간 핑크색이 들어 있는 피부색에 눈썹을 두껍게 그리거나 아예 눈썹을 밀어 버렸다. 문신의 유행으로 눈 화장은 아이라이너를 강조하는 아이홀 화장을 했으며, 눈에 속눈썹을 아래위로 진하게 붙이고 눈을 강조하는 것이다. 볼터치는 핑크빛이 도는 색으로 얼굴 앞쪽을 중심으로 그려서 전체적으로 어린아이와 같은 인상으로 표현했다. 입술은 입술선을 강조하고 흐린 핑크펄 립스틱을 발랐다. 비틀즈의 등장, 사회반항을 표출했던 히피족과 금속성의 우주적 느낌인 펄 재료 의상이 유행했으며 미니스커트에 긴 부츠를 즐겼다. 미니스커트를 만든 영국디자이너 Mary Quant에 의해 미니의 출현과 우주시대의 도래에 맞춰 다양한 소재와 함께 기하학적 형태의 의상이 전개되었고, 60년대의 미는 기이함 그 자체였다.

화장도 의상의 영향으로 모델 Twiggy의 진한 아이라인과 가짜 속눈썹 등으로 크게 강조한 눈과 엷은 입술 화장으로 어린아이와 같은 무력함을 표현했다. 60년대 중반으로 갈수록 화장은 더욱 장식화되고 극단적으로 대담하게 전개되었다. 분홍, 초록, 보라색으로 염색된 기하학적 가발과 함께 유선형으로 두껍게 아이라인을 그리고 인조 속눈썹으로 인위적으로 만든 눈 화장이 강조점이었다. Elizabeth Arden은 1960년 중반에 fantasy eye make-up을 발표하여 눈가에 신비한 장식을 했다. 같은 해에 Helena Lubinstein은 주근깨 패턴의 화장을 발표했다. 이것은 눈썹을 가늘게 그리고 눈 아래 주근깨를 붙이는 것인데 이 주근깨는 여러 가지 colour를 사용했다. 이 화장에 조화를 이루어 캐주얼하게 긴 직모 머리형태였고 주로 젊은 층에 유행했다.

▲ 그림 3-38. 민속적 패턴의 화장형태

▲ 그림 3-39. 다양한 아이섀도 색상

미술 사조의 하나인 옵아트의 영향으로 기하학적 표현을 눈의 화장 패턴으로 응용하거나 아이라이너의 강조로 눈 밑에도 진하게 그려 눈꼬리에서 두 줄로 만나도록 그리기도 했다.

▲ 그림 3-40. 1968년 판타지 경향의 눈화장형태　▲ 그림 3-41. 앤드로지너스 경향의 화장형태

립스틱은 핏기 없이 창백하게 보이는 pale gloss(하얗게 보이면서 윤기가 흐르는 것) 아이화장형태는 눈에 확 띄도록 강조했다. 아이섀도, 아이라이너, 마스카라에 인조 눈썹을 사용했다. 이 같은 유행을 쫓는 틴에이저를 flower children(꽃 같은 어린이)이라 불렀고 그들은 사랑과 자유를 갈망했고 그것이 최대 목표였다.

한편 상업화된 패션산업에 의해 전개된 극단적인 화장과 달리 젊은이들 일부에서는 어두운 색으로 강하게 강조한 눈과 창백한 입술이 큰 사이즈의 풀오버와 어두운 색의 짧고 타이트한 치마에 검정색 가죽으로 된 긴 부츠 등과 함께 등장하였다. 이는 대중 대량문화, 플라스틱 모조문화, 소비 지향주의와 자기도취의 상업주의적인 유행 등 극대화된 물질문명과 인간성 상실에 대한 막연한 반체제적 견해를 표출한 것이었다. 그들은 충격적인 행동 양식과 기존의 잘 가꾸어진 조화된 미를 부정하여 나이든 세대에게 거부감과 충격을 주려 하였으며, 화장도 이러한 저항의 표출 수단이 되었다. 또한 어울리지 않는 신체의 각 부분이 이국적인 매력으로 조화를 이룬 Sophia Loren과 Varvra Streisand가 대표적으로, 이는 1950년대의 획일적이었던 사회 질서와 속박에서 탈출하려는 사회의 반동이었다. 1950년대 유행 선도 계급과는 달리 1960년대는 소외된 사회의 젊은이의 하층 계급이 유행 선도 계급이 되었다.

▲ 그림 3-42. Punk족의 Spike hair

60년대 후반에는 히피(Hippie)의 출현과 함께 많은 젊은이들이 서양의 팽배된 물질문명에서 벗어나 새로운 문화를 전개하였다. 화장은 이러한 영향을 반영하여 극단

적인 기하학적인 표현 대신 전반적으로 부드러워지는 경향을 띠었다.

　복숭아색, 갈색, 회색 등 자연스러운 색상과 함께 이국적 혹은 민속적 패턴이 등장하였다. 60년대에 극단적으로 강조하던 눈과 창백한 입술 등 실험적인 젊음을 표현하였던 화장형태는 70년대 중반으로 갈수록 얼굴 전체에 풍부한 색조를 부여한 성숙한 이미지로 변하였다.

　한편 젊은 세대의 남녀 성에 대한 도전으로 유니섹스 룩(unisex look)을 등장시켰고, 화장은 남녀를 불문하고 내적성의 무질서와 해방을 표출하기 위한 반항의 상징으로 남녀 모두 머리형태나 화장에서 이제까지 볼 수 없었던 다양한 색상, 형태를 의식하고 추구하였다. 따라서 화장은 일반 남성에게도 그들의 외적인 꾸밈을 위한 중요한 수단이 되었다. 70년대 초 디자이너 잔드라론즈(Zandra Rhodes)의 판타지 경향의 화장과 복식 색상이 민속조의 바랜 듯한 화려함과 복고풍으로 자연스러움이 재현되었다. 화장은 자연스러운 피부톤에 전원적인 느낌으로 인공 주근깨를 그려주거나 옷에 따라 보라색, 빨강, 흰색, 금색 등 기발한 색을 아이섀도로 사용하는 컬러시대였다. 머리는 핑크와 초록으로 염색하고 얼굴에 꽃이나 무지개 줄무늬 등으로 채색되었으며, 얼굴뿐만 아니라 목걸이, 머리, 신발에 이르기까지 다양한 부분에 색칠하는 판타지 경향이 계속되었다.

　펑크족은 그들의 머리를 불규칙한 길이로 잘라 뾰족하게 한 다음 빳빳이 고정시켰다. 머리 양쪽 측면을 극도로 짧게 자르거나 면도를 하고 앞이마로부터 뒷목덜미까지 넓은 부채모양으로 잘라 수탉의 볏처럼 꼿꼿이 세운 모히칸족 머리형태를 연출하기도 했다. 머리를 비비꼬아 곤두세우는 스파이크 헤어(spike hair)도 나타났다. 이러한 머리형태(hair style)는 펑크족의 매우 중요한 특색이며, 이들은 펑크 감각의 헤어컷(hair cut)과 머리의 일부분을 다른 색으로 염색하는 스타일을 즐겼다.

　펑크족들은 눈언저리를 멍든 모습으로 그리거나 눈 주위에 검은 웅덩이모양으로 선을 여럿 두르고 눈꼬리는 날카로운 방추형으로 그리는 드라큘라형

▲ 그림 3-43. 제인폰다의 에어로빅

화장을 하였다.[18] 또한 얼굴에 검은색으로 점이나 문양을 그려 넣거나 까만 입술 색깔을 칠하는 것으로 외관상 문명 파괴적인 양상을 띠고 있다.[19]

8) 1970년대(1969~1979)

70년대의 성적 여신으로 대표되는 파라포셋은 탄력과 자연스러움의 매력적인 결정체였다. 그녀의 자연스러운 화장 얼굴과 어깨에 부드러우면서도 아무렇게나 드리워진 듯한 캐주얼한 머리 모양의 건강한 캘리포니아 스타일은 자연스러운 건강미를 젊은 여성들 사이에 유행시켰다.

1970년대 이후에는 젊은 세대의 성에 대한 관여와 정체성에 대한 새로운 확대가 일어나면서 여성과 남성이 갖는 특성을 부정하지 않고 순수한 아름다움을 가진 자유로운 감성으로 성별을 초월한 하나의 개성적 존재

▲ 그림 3-44. 브룩 쉴즈
(Brooks Shields)

로서 인간 이미지를 부각시키려는 앤드로지너서(Androgynous)의 새로운 화장이 등장하였다.

여성은 짙은 눈썹과 아이라인만으로 눈을 강조하고 짙고 어두운 색의 립스틱으로 이목구비를 강조한 남성적인 화장, 짧은 머리형태를 하였고 남성들은 여성과 같이 밝은 색채 화장과 화려한 장신구를 사용함으로써 한 가지 성 위에 다른 성의 요소를 각각 공유하여 성을 초월하고자 하는 시도가 이루어졌다.

1970년의 또 하나의 화장으로 나타난 것은 '인공 주근깨'이다. 1970년 3월 1일에 발행된 Vogue지에는 당시의 유행하는 화장법으로 colour quake라는 것이 실렸는데 이는 눈 주위에 빨강과 파랑 등의 색반점을 그리는 것이다. 이는 크리스리앙 디올에 의해 시작되었고 93가지의 색상을 사용할 수 있다고 설명했으며,[20] 이로 인해 패션에서의 화장이 더욱 중요한 위치가 되었다.

화장품의 색상은 백색으로 시작해서 여러 가지색으로 발전했고 여러 가지 색이

---

18 김민자, 제2차 세계대전 후 영국 청소년 하위문화 스타일, 의류학회지 11호, 1987, p.79.
19 엄소희, Punk Fashion에 관한 연구, 홍익대학교 산업미술학과 석사학위논문, 1988, p.23.
20 靑木英夫, 西洋化粧文化史, 原流社, 1979, p.187.

의상뿐만 아니라 혼합된 중간색의 여러 가지 톤의 색조가 발명되어 얼굴 전체에
풍부한 색조를 부여하여 성숙한 이미지를 창조했다.

9) 1980년대(1979~1989)

80년대에 들어서면서 쾌락주의와 육체 자체에 대한 숭배의 경향으로 여성 육
체의 상품화로 여성의 연령을 점점 저하시켰고 사춘기 이전의 모델들의 등장을
가져왔다. 짙은 눈썹의 브룩 쉴즈(Brooks Shields)가 이제까지 성인의 세계였던
미와 패션의 영역에서 새로운 성적인 매력을 가진 여성의 미를 대표하였다

1980년대 초의 여성은 매우 관능적이며 쾌락적 스타일을 가져야 했다. 바비인
형(baby doll1. 1950년대부터 인기를 끌기 시작한 어린이 인형이지만 시대상을
반영하는 인형이기도 하다)같이 섹시하고 풍만한 가슴과 머리숱이 풍성하며 짙
은 화장을 한, 보기에 매우 성적 매력이 흘러넘치는 여자였다. 1980년대 중반부
터 이 같은 쾌락적 요구의 반동으로 그 반대 형상의 스타일이 유행했다. 중용적
인―양극의 중간 완충적인 화장이 유행하여 두드러지지 않고 평범한 색깔의 화
장품 시대였다.

▲ 그림 3-45. Joan Colin

80년대 중반부터는 과거에 대한 복고풍의 영향으
로 옛 할리우드 스타일인 글래머에 대한 관심이 부
활하여 당시 텔레비전 시리즈의 주인공이었던 Joan
Colin 등의 성숙미가 모든 연령층의 여성들에게 어
필하였고, 이와 함께 섹시하면서도 진한 화장이 유행
하였다. 한편 대중적인 팝스타로 우상시되었던 마돈
나의 에로스틱한 란제리 룩과 섹시모드는 더욱 관능
적이고 육감적인 여성을 강조하며 일반 여성의 화장
및 의복에 영향을 주기도 하였다. 또 한편으로 남성
의 만족을 위한 전시 혹은 경쟁을 위한 의도적인 꾸
임이 아닌 여성의 자아와 관련된 새로운 미의 타입이
등장했다. 근육질의 탄력적인 여성이다. 여성의 체
형관리가 자신을 가꾸고 자신의 내적 충족과 완성감

을 이루는 관리 차원이란 개념으로 확산되었다. 여성의 여윈 가느다란 체격은 강한 근육질로 대치되었으며, 그을린 모습이 이상적인 심벌이 되었고, Jane Fonda의 에어로빅 붐이 일어났다. 이에 따라 화장도 남성에게 성적매력을 주기 위해서라기보다는 자신의 건강함과 관리 차원으로 변하게 되었다. 여성들도 과거에 남성들만의 직종이었던 일반직과 전문직에서 남자들과 치열한 경쟁을 하게 되면서 70년대의 자연스러움과 달리 화려하면서도 강한 이미지도 변하였다. 눈과 입 모두가 강조되었는데 능력과 힘을 상징하는 두껍고 진한 눈썹과 선명한 빨강의 공격적이면서도 단호한 이미지는 남성과 같이 능력 있어 보이는 넓게 각진 어깨와 가슴, 히프, 다리 모두를 강조하는 80년대의 거대한 성인다운 이미지와 조화하면서 더욱 강인한 여성을 부각시켰다.

10) 1990년대 (1989~1998)

1990년대에 들어와서 무병장수, 건강한 신체와 건강한 정신이 생활목표의 최우선이 되었다. AIDS에 대한 공포는 건강에 대한 집착으로 귀결되었으며, 더구나 노인학 또는 장수학과 영양학의 발전은 수많은 건강정보와 건강식품의 눈부신 발달을 가져왔다.

1990년대 초의 아름다움의 개념은 곧 건강한 육체와 정신으로 인식되었고, 본인은 물론 상대편의 마음도 편안하게 해주는 양면성을 갖게 되었다. 에어로빅과 달리기 등으로 다져진 탄력 있는 육체가 그 표준으로 인식되었다. 따라서 90년대의 미는 허약하고 초라했던 육체의 아름다움이 유행했던 1960~70년대와 달리 1990년대는 운동으로 단련된 건강미가 인간의 참된 아름다움이라고 정의된 것이다. 단순한 겉모양만의 아름다움보다 한걸음 나아가 발랄하고 건강하게 오래 사는 것이 참다운 아름다움이라는 논리적 사고가 비로소 사회상식으로 인정받게 된 것이다.

의상에도 포스트모더니즘의 영향으로 영역 간의 수렴 현상이 일어나고 사언주의, 민속주의, 복고수의,

▲ 그림 3-46. 보디 페인팅

재활용주의, 미래주의 등의 다양한 스타일이 혼합되어 나타났다. 이에 따라 화장 형태도 오리엔탈, 네츄널, 테크노풍 등 다양한 패턴이 각자의개성에 맞추어 유행 하면서 전체적인 조화와 연출이 중요시되는 토털 코디네이션이 중요시되고, 화 장의 범위는 확대되어 body painting 등을 이용하는 등 다양한 응용 분야가 생 겨나고 있다.

의학의 발달로 인하여 평균 수명이 연장됨에 따라 여러 측면에서 노인문화를 정 착시키려는 노력이 이루어지고 있는 것처럼 젊음을 더 오래 유지시키고 싶은 욕구 를 위하여 노화 방지 및 지연을 목적으로 하는 화장품의 개발이 이루어지고 있다. 80년대 말에는 80년대 전반에 얽매인 듯한 신분 상징적인 권위가 점차 완화되면 서 다양함과 개성이 더욱 중요시되는 다원화된 90년대로 넘어가게 되었다.

화장도 이제까지 특정한 스타일이나 하나의 표현 형태가 두드러지게 강조되었 던 것에서 벗어나 과거로부터 모든 스타일을 자유롭게 융합하거나 받아들여 표 현하는 것이 특징이 되었다. 이를 둘러싼 패션의 주된 분위기는 남성, 여성의 강 조가 아닌 자유로운 감성의 인간을 표현하는 수단이 되었다. 합리주의와 이성 및 기계론적 과학의 진보에 대한 믿음으로 이루어진 현대의 획일적 규격화와 도시 화, 중앙 집권적인 특징은 이제 고도의 과학 기술과 정보화 시대에 새로운 문명 의 창조와 더불어 변화된 의식구조가 사회문화 전반에 요청되었다.

포스트 모더니즘적 문화 현상의 영향으로 다른 시 대, 다른 문화로부터 양식과 이미지를 차용하려는 경 향이 나타났다. 80년대 중반부터 등장한 60년대, 70 년대 및 고딕, 고대 등의 과거를 재현하는 듯한 복고 적 분위기와 아프리카, 남미, 동구권 등 이국적이고 민속적인 감각의 등장은 현 사회의 사회문화의 전반적 인 변화이고 또한 화장 문화와 패션도 절충주의, 미래 주의, 복고주의, 민속주의 등이 유행하고 있다. 따라 서 90년대 초의 화장 경향은 30년대 진 할로의 짙고 붉은 입술, 40년대의 라나 터너의 뚜렷한 눈매, 오드 리 헵번의 굵게 강조된 눈썹, 브리짓 바르도의 고양이 눈과 반짝이는 분홍빛 입술 등등 모든 과거의 스타일

▲ 그림 3-47. 자유로운 색상 표현의 머리형태와 화장

이 개인에 따라 자유롭게 선택되었다. 92년에 들어서면서 여성 특유의 아름다움을 표현하는 로맨틱 스타일과 감성에 얽매이지 않는 스타일의 흐르는 듯한 유연함이 강조되었다. 환경 파괴와 생태계의 보존이 심각한 문제로 제기되면서 자연을 보호하고 보존하기 위한 생태학 재활용이 중요한 테마로 등장하면서, 그런지 네오 히피스타일, 오리엔탈리즘, 내추럴리즘 등 여러 가지 요소들이 서로 융해되어 다양하게 제시되었다. 이에 조화를 이루는 화장 경향은 색조가 옅어지고 가벼워졌으며, 과거의 히피풍을 제외하고 투명하고 거의 그리지 않아 희미하게 보이는 엷은 눈썹과 흐린 입술색이 주조를 이루었다. 90년대 중반으로 가면서 여성들은 다시 진하고 화려한 화장을 통해 육감적이고 관능적인 여성스러움을 스스로 즐기게 되었다. 더 이상 남성의 영역이라는 개념이 존재하지 않게 되면서 여성의 화장은 힘과 능력을 표현하려는 기존의 방패로서 혹은 남성에게 성적 매력을 주기 위한 강조에서 벗어나 여성 스스로의 만족과 즐기기 위한 더욱 자유로운 표현이 나타나게 되었다. 이전의 엷고 자연스러움에서 다시 진하고 강한 색상이 돌아왔으며 다양한 인종의 개성이 부각되었다.

이상에서와 같이 개성과 다양성이 중시되는 미적 가치의 확대가 이루어지면서 아름다움과 추함, 남성다움, 여성다움의 전통적인 성을 초월하여 생활의 일부로서 자아의 가치 창조에 미적 방편으로 머리형태와 화장에 다양한 표현 형태를 보이고 있다. 화장은 세계에 산재해 있는 유행색협회 등을 통해 미리 제시된 트렌드를 기준으로 개성과 라이프스타일에 따라 시장을 세분화하여 전개되고 있으며 개인 각자의 자유로운 내적 미의식을 표출하려는 독자적인 개성화, 다양화를 추구하고 있다.

1998년 가을·겨울 화장 패턴은 전체적으로 어둡고 짙은 컬러계열에 골드(gold)나 카퍼(copper) 등의 금속적인 광택이 혼합되어 깊이감을 더해 주거나 스모키한 느낌의 다소 음침한 분위기를 자아내는 화장이 주류를 이룬 것으로 보인다.

02

머리형태의 변화

1) 1900년대(1899~1909)

▲ 그림 3-48. S자 실루엣

1900년대의 복식은 아르누보스타일로 S자의 부풀린 가슴, 잘록한 허리, 둥근 히프, S자곡선 형태였다. 이때 머리형태는 크게 부풀리고 큰 모자로 장식을 해 전체적인 실루엣에서 머리 부분에 강조점을 두었다. 그러나 직선적인 스타일의 hobble skirt 이후로는 부피가 큰 머리모양은 사라지고 머리부터 발끝까지 직선적인 실루엣을 나타내려는 의도에서 머리를 감싸듯이 올리는 식으로 하여 자그마하게 보이는 스타일이 유행했다. 이것은 현대형 단발 시대가 올 것을 미리 암시하여 보여 준 것으로 생각된다. 머리형태는 당시의 복식 실루엣과 그 영향을 같이 함을 보여주는 것이다.

2) 1910년대(1909~1919)

제1차 세계대전이라는 시대적 배경 속에서 상하 계층을 막론하고 많은 여성들이 남성을 대신해서 군수품 공장과 여러 분야에서 일을 하지 않으면 안 되었다.
따라서 단지 성적 매력과 권위 표시로 장식된 머리형태에서 머리는 단순하고 손
질하기 쉬운 합리적인 형태로 발전하게 되었다.

3) 1920년대(1919~1929)

　　1920년대의 획기적인 소년 같은 여성 이미지의 갈숀느 스타일의 갈숀느 헤어
컷, Marcel wave, Eton crop 등이 유행하여 머리를 자르거나 매거나 하는 데 몇
시간씩 걸리는 습관은 사라졌다. 이 간편한 스타일은 19세기 초엽 이미 남성들
간에 유행하였다.
　　쇼트 컷에 낮에는 심플한 클로시(cloche) 모자를 썼고 밤에는 머리에 장식을
하여 남성과 다른 독특한 스타일을 보였다. 여성을 소년 같은 이미지로 보이게
하는 갈숀느 의상에는 남성 같은 짧은 헤어가 조화를 이루었다. 단발머리(bob

▲ 그림 3-49. Marcel wave

style)의 유행은 그 당시까지 긴 모발을 높이 올리고 있던 여성들에게 있어서 참으로 혁명적인 사건이었다. 그때는 여성의 상징으로서 귀중하게 기르던 머리카락을 싹둑 자른다는 것은 상당한 용기가 필요했다.

그럼에도 불구하고 단발머리의 유행은 여성의 사회 진출로 인하여 활동하기 쉬운 머리 형태를 원했기 때문이다. 그리고 퍼머넌트 웨이브의 보급도 단발머리의 유행을 가속시켰다.

싱글 밥(single bob) 등도 출현해서 짧은 머리에다 변화를 주었다. 갈숀느나 싱글 밥은 남자처럼 치깎은 밑 부분을 V장형으로 만들어서 남자형에다 역시 여성다운 밑 부분에 청결한 아름다움을 겨냥한 것이다. 단발머리를 좋아하지 않는 부인들도 어깨까지 흘러내린 머리칼을 될 수 있는 데까지 적게 만들려고 노력했다. 그러나 많은 부인들은 짧은 머리가 활동적이고 편리하므로 때로 드레시한 경우에만 가발을 사용하고 평상시는 짧은 머리를 환영했다.

이때쯤에는 퍼머넌트는 완성 단계에 있었고 대중화해서 누구든지 이용하게 되었다. 미용실에서 샴푸를 하고 헤어로션을 바르고 머리칼을 세트하고 드라이하는 현재의 방법이 이상하다는 생각 없이 누구나 했다. 또한 이런 것들과 병행해서 머리칼을 염색하는 것이 유행했다. 샴푸를 한 후 일시적으로 컬러린스(머리칼에 일시적으로 착색을 하는 것)를 하는 것이 유행한 것도 이 시기다. 흰 머리칼에 blue linse를 하는 것이 크게 유행했다. 머리형태는 심플한 머리형태에 잘 어울리는 길고 눈에 잘 띄는

귀걸이를 착용하기 시작했다.

bob의 유행은 보비핀의 발명을 낳았다. 가느다란 철사로 만든 헤어핀(wave가 늘어지는 것을 막아주는 핀)이 널리 사용되었다.

모자는 cloche의 시대였으며, 1923년이 cloche 유행의 전성기였다. 이것은 펠트천으로 만들어졌는데 머리의 형태에 따라 푹 눌러 쓰는 모자이다. 펠트재료의 클로시는 겨울과 여름을 불문하고 드레시한 복장에도 스포츠한 복장에도 또한 이브닝용으로도 사용되기도 했다. 이 시대로부터 30년 후인 1954년경에 다시 짧은 머리의 전성기를 맞이하지만 이때는 짧은 머리 액세서리, 모자 등 똑같이 유행을 하고 야회용으로 사용된 것을 금실이나 은실로 짠 천으로 터번형태로 만든 것이었고, 기타 밴드로 새털 장식을 한 것도 있었다.

▲ 그림 3-52. 1930년대 헤어스타일, 진할로우

4) 1930년대(1929~1939)

1930년대가 되어 경제공황이 오면서 허리선은 제 위치로 돌아오고 스커트는 길어졌다. 실루엣은 H자형에서 X자형으로 옮겨졌으며, 20년대에 비하여 복잡하고 세련된 분위기를 나타내었다. 하이힐이 부활하고 머리도 퍼머넌트 웨이브가 생겨 20년대의 극단적인 짧은 머리의 머리형태는 모습을 감추었다. 전체적으로 말끔하고 세련된 성인다운 분위기를 이루었다.

경제공황 시기에 사람들은 현실의 어려움을 영화의 화려함에서 찾고자 하여 할리우드의 영화가 전성기를 맞게 된 이때부터 영화가 화장, 머리모양의 유행에 큰 영향을 끼치게 된다. 그리고 이 당시의 화장의 특징은 눈썹을 다 빼버리고 펜슬로 가늘게 활모양으로 그리고 약간 부자연스럽게 빨간 입술을 그리는 것이었다. 이것은 고대 이집트의 화장과 비슷해서 무표정하게 보였다.

1934년 Jean Harlow 할리우드 스타의 백금 색깔이 유행하여 많은 여성들이 탈색을 하고 옅은 색깔의 머리를 선호했다.

20년대 짧은 단발머리(short bob)는 이 시대에 들어서면서 그 길이를 증가시켜 1930년대에는 가르마를 한복판이나 옆으로 취하고 커다란 웨이브를 분명하고 완만하게 만들어서 귀를 감싸고 귀밑에서 귀밑으로 한 개의 롤을 만들거나 적은 컬(꼬불거림)을 합쳐서 시니용형태(form)로 만드는 것이 시작되었다.

30년대에는 35년쯤까지의 머리형태의 특징은 이마의 가장자리에 아무 장식도 하지 않고 모발을 그냥 두고 머리 모양을 하는 것인데 32년경 그레라가르보형이 유행했는데 영화 안나 크리스티에서 그녀가 입었던 풀오버와 그녀의 머리형태

page boy 보브스타일을 전 세계 사람에 유행시켰다. 이것은 옆가름을 하고 바로 아래로 모발을 내려서 귀 뒷부분에 크게 소용돌이를 만드는 것이다.

머리카락은 더 길어졌고 여성들은 여러 방법으로 이를 정리했다.

젊은 여성들은 앞과 옆에 핀이 꽂히고 뒤가 길고 느슨하게 남겨지거나 긴 페이지─보이 밥같이 어깨에서 아래로 늘어뜨린 미국 영화배우의 스타일을 좋아했다. 이런 머리 스타일을 '긴 단발'이라 불렀고 점차적으로 유행하였다. 이 스타일은 지금까지 가장 보편적인 스타일 중에 하나가 되었다. 이들의 변형이 30년대 이후 모두에게 적용되었다. 더 세련된 머리 스타일을 패션 잡지에서 '빅토리아 풍' 또는, '에드워드 풍'으로 묘사된 우아하게 틀어 올려진 모양이었고, 빅토리아와 에드워드 시대로부터 영향을 받은 스타일이었다.

이것은 누구에게나 어울리고 자기 자신의 모양을 만들 수 있어 소위 대중성과 실용성을 겸비하고 있었기 때문에 항상 여러 사람들에게 지지를 받고 애용되어 왔다. 모자는 소형이고 크라운이 얕고 챙이 한쪽만 뒤집어진 것을 눈을 가리도록 쓰거나 또는 비스듬히 쓰거나 했다. 점차로 터번도 유행하게 되었다.

모자가 심플한 것으로 바뀜에 따라 머리 모양이 한층 더 손이 많이 가게 되었다. 퍼머넌트를 세트하기 위해서 세팅로션(setting lotion)을 사용하게 되고, 퍼머넌트 웨이브를 만드는 방법은 점차 변해서 페이지 보이 등을 위해 머리할 끝에만 웨이브를 만드는 방법이 고안되고 핀컬(pin curl)에 의해서 웨이브를 만드는 방법이 기술적으로 많이 진전되었다. 모발의 색깔에도 변화를 볼 수가 있었다. 지금 행해지고 있는 헤어 블릿치(hair bleach)는 이 시대에 본격적으로 사용하기 시작한 것이고, 미국 영화배우의 진 하로의 인기로 인하여 그녀의 연한 블론드가 옅은 색으로 빛나는 것을 선호해서 이를 흉내 내는 여자들이 많아졌다. 이 시대 이전에는 염색한 모발에 대한 편견이 있었으나 여기서 완전히 사라지고 모발의 염색시대의 새로운 시대가 열린 것이다.

사치스러운 스카프를 삼각형으로 접어서 머리에 쓰고 턱밑에서 잡아매는 방법은 이 시대에 시작되었고 스포티한 것으로 드라이브 할 때 많이 사용했다. 30년대 말부터 1945년에 이르러 2차 대전 시기에는 처음에는 30년대 유행을 그냥 따랐으나 그것들은 전쟁 중에 많은 제약을 받아야만 했고 간소하게 되었다. 모자는 머리 보호용으로 썼고 장식용이 아니었다.

전쟁 중 공장, 사무실, 농장 등에서 일하는 여성들은 작업에 있어 간편하기 위하여 머리를 묶는 터번이나 천으로 리본형태로 묶는 것이 일상적이었다, 전쟁이 끝날 무렵에는 파리(Paris)부터 Liberation이라고 이름 지어진 꽃과 깃털, 리본으로 높이 장식된 모자가 발표되었다. 모발도 머리형태보다는 위생 면에서 또는 실용 면에서 중요시해 왔다. 미국에서는 전기를 사용하는 웨이브보다 훨씬 우수한 획기적인 약품을 사용해서 만드는 콜드 퍼머넌트 웨이브가 발명되었다.

5) 1940년대(1939～1949)

New Look은 머리에서 발끝까지 패션을 바꾸어 놓았고, 두상부피를 되도록 작게 만들려고 노력했다. 헤어의 부피를 작게 표현한 것은 New Look과 조화를 잘 이루었다. 머리카락은 머리꼭대기에 있는 쪽찐머리 안으로 부드럽게 빗겨졌거나 한쪽으로 빗어 말아 올렸다. 모자는 더 작고 더 부드러운 모양으로 pill boxs나 베레모였으며, 베일이나 깃털뭉치로 가볍게 장식되었다.

▲ 그림 3-54. New Look과 조화되는 머리형태

1948년과 1950년 사이는 세미 쇼트(short) 시대이고, 1947년에 이어 머리를 작게 손질하는 데 주안점을 두었다. 40년대 후반의 머리형태는 더욱더 부드러워졌고 손질하기 쉬웠다. 여성들은 긴 머리의 머리형태는 짧은 머리형태보다 늙어 보인다고 생각하였다. 1949년 가장 극단적인 커트는 매우 짧은 머리카락이 귀의 앞쪽으로 빗겨지고 이마에서 불규칙한 모양을 한 'pixie cut'였다.

이 머리형태는 최신 패션스타일이었다. 더 짧아진 머리와 함께 화장의 강조점이 바뀌었다. 눈이 강조되었고 진한 붉은 입술은 더 이상 강조하지 않았다. 눈썹은 두껍게 그려졌으며 눈 끝은 더 길게 위로 올려 그렸다. 모자는 자주 쓰지 않았으나 40년대 후반 동안 모

붉은 머리의 Rita Hay worth
의 흐르는 형태의 모양

공장 노동자들은 그물로 머리를 싸서
간단하고 편리하게 머리를 가꾸었다

New look과 잘 어울리는 성장착용시
의 헤어스타일

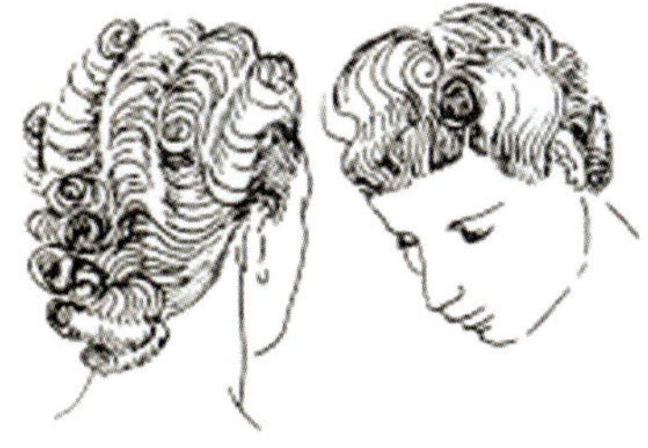

▲ 그림 3-55. 1940년대 여성 헤어스타일

자는 몸에 맞는 형태에 리본 꽃이나 덴트로 장식되었다. 초여름 모자는 밀짚이나 덴트로 만들어졌다. 1950년대에는 미국 뮤지컬 남태평양에서 주연이었던 Mary Martin이 짧게 컬이 지는 커트를 유행시켰다. 짧은 머리가 유행하면서 한편으로 긴 머리로 부드럽게 뒤에 빗어 올려서 'french twist style'로 돌려졌다. 이 머리형태의 반쪽에 모자와 베일이 쓰여서 부드럽고 세련된 여성미를 표현했다. 10대와 20대 초반의 소녀들은 늘어진 말꼬리모양의 pony tail 스타일에 리본을 묶었는데 이것은 50년대의 매우 특싱적인 스타일이었다. 새로운 모자가 보우터 모자, 팬케이크, 베레모와 추울리와 같은 모자가 유행했다. 최신 유행으로 모자 스타일은 진하게 과장한 눈과 눈썹과 앞이나 옆 머리카락이 보이지 않게 이마를 가로질러 착용한 필복스(pill box)가 많은 이의 사랑을 받았다.

6) 1950년대(1949~1959)

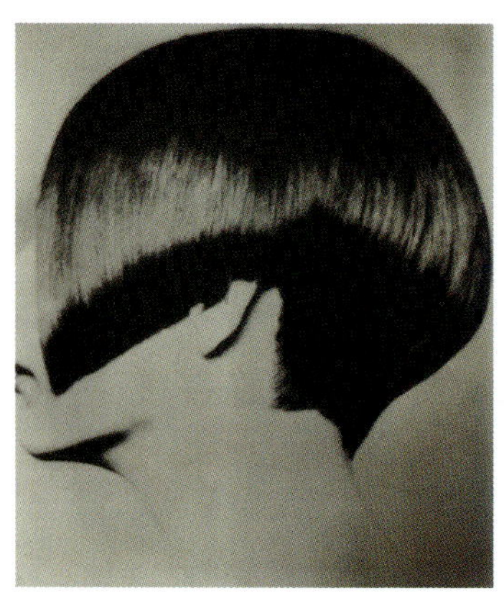

젊은이들은 미국 영화배우에 의해 영감을 받은 머리 형태를 흉내 내기 위해 주의를 기울였다. 1956년 엘비스 프레슬리의 모습과 제임스 딘의 머리형태, 캐주얼 재킷, 진은 25년 뒤에도 많은 청소년들이 좋아하는 스타일이 되었다. 헵번의 짧은 머리모양과 불규칙한 앞머리와 짧은 컷이 유행했으며, 젊은 여성들의 모습에 가장 강하게 영향을 준 사람은 프랑스의 브리짓 바르도(Brigitte Bardot)였다. 10대 후반과 20대 초반의 소녀들은 브리짓 바르도와 같이 보이려고 애썼다. 머리카락은 고의로 흩드린 단정치 못한 스타일이었고, 앞은 매우 부드러운 벌집 안으로 빗겨졌으며, 뒤와 옆은 부드러운 웨이브와 컬 안으로 빗겨져 눈을 진하게 화장하였으나 입술은 '옅은 핑크 립스틱'과 같은 흰빛의 분홍색이었다. 49년과 50년의 2년간은 컷의 중요성이 강조되고, 1930년대의 유행과 비슷하다. 1930년대의 머리형태가 평면적인 데 비해서 이 시기는 훨씬 입체감이 있고 큰 웨이브를 옆에 확실히 부착시키고 크라운(crown)의 부분은 평평하게 흘리거나 뒤로 분리하거나 추켜올려서 머리를 망가뜨리지 않고 쓸 수 있는 작은 모자가 출현해서 크라운의 평평한 부분을 감추기도 했다. 51년부터 머리형태의 주류는 짧은 머리로 되었다. 53년에는 일부지만 짧은 머리에 싫증이 나서 긴 머리형태의 아름다움을 동경하는 유행이 일어났다. 55년에서 56년까지는 완전히 롱 헤어(long hair)가 우세한 상태가 되었다. 57년 봄에 이르러 약간 긴 짧은 머리형태가 우세해지고 정착됐다. 이렇게 해서 계속된 쇼트 헤어의 유행은 쇼트커트 기법의 눈부신 발달을 보게 했다.

1950년대의 10대 소녀들은 긴 머리를 뒤에서 묶어서 아래로 드리운 pony tail 스타일로 긴 머리를 뒤로 당겨 묶었다. 또한 머리 전체를 짧게 하여 곱실거리게 한 poodle cut, 이마와 뺨에 납작하게 붙인 곱슬 애교머리 스타일도 유행하였다.

짧은 머리형태가 조금 길어지면서 그것은 버블스타일로
바뀌었다. 즉 머리카락 3인치 정도의 길이를 큰 롤로 감아
서 만든 둥글고 솜털 같은 모양의 스타일이다. 1950년대의
대표적인 배우인 마릴린 먼로가 이 스타일의 전형이었다.

7) 1960년대(1959~1969)

1960년대는 더 높고 불룩한 머리 모양을 했다. 60년대
를 통하여 많은 여성들은 뒷부분에 공기를 넣은 것 같이
과장된 머리형태를 했다. 60년대 초기에 작은 모자(필복
스)와 장갑을 애용한 Jackie Kenney의 스타일을 많은 여
성이 모방했다. 이 시대의 2가지의 유행하는 모습이 있었
는데 하나는 보이시 스포티 룩이고, 다른 하나는 인형 같
은 소녀 스타일이었다. 영국의 10대 모델 Twiggy가 더 여
유 있고 딱딱해 보이는 푸딩그릇 모양의 매우 짧은 직모
를 하였다. Vidal Sassoon은 기하학적 커팅으로 유명했으
며 스프레이로 두껍게 칠한 벌집 모양의 부자연스런 Hair
Style에서 부드럽게 움직이는 모발을 창조해 냈다. 머리
카락은 깨끗한 모양에 전체 길이가 층이 났으며 손질하기
쉬웠다. Mary Quant는 Vidal Sassoon 커트와 미니스커
트의 조화로서 유행을 창조
했으며 오늘날까지 그 스타
일이 계속 되고있다. 60년
대 당시의 젊은 여자 인기
가수 중의 한 사람이었던
Sondy Shaw는 자주 텔레
비전 쇼에 맨발로 출현하였
으며, 노래하고 춤추는 동
안 잘 자른 머리카락이 아

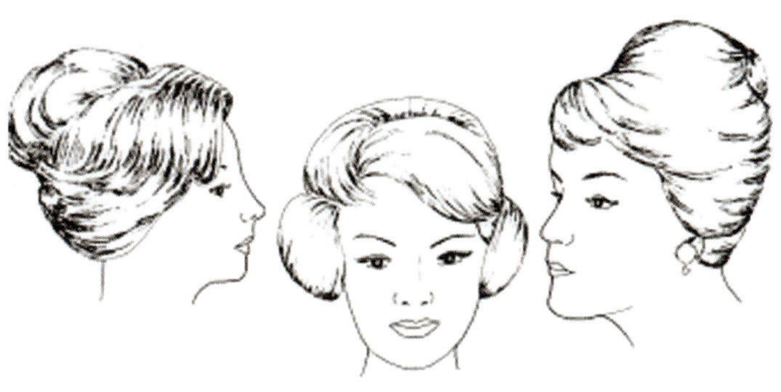

▲ 그림 3-60 벌집모양 헤어스타일의 여러가지 변형 (Bee hire)

름답게 움직였다. 또한 이 모든 것이 60년대의 여성들의 의식마저 해방시켰다. 1964년 젊은이들은 긴 직모 머리형태(long straight hair style)를 젊음의 상징으로 여겼다. 여성들은 일률적으로 유행하는 스타일을 모방하지 않았다.

8) 1970년대(1969~1979)

▲ 그림 3-61. Farrah Fawcett

1970년대 와서는 머리 스타일이 더 다양해졌다. 70년대 초 잘 꾸며진 머리는 유행에 뒤진 것으로 여겼으며, 여성들은 바람머리처럼 자연스러운 형태를 선호했다. 1968년 아프리칸 룩이 유행하면서 Afro 머리형태로 부풀어진 흑인 여성의 머리형태가 자연스런 long earings과 자연스러움의 느낌으로 선호되었다. 1975년에는 복고풍의 유행이 머리형태에도 영향을 주어서 30년대의 부드러움이 표현되어 부드럽고 자연스럽게 컬진 머리형태가 유행하였다. 환각상태 모양의 타이트한 컬이나 어깨에 늘어뜨려진 웨이브 진 머리카락이 유행했다. 유행하는 TV시리즈 '찰리의 천사들에게'에서 매혹적인 모습의 젊은 여성들 특히 Farrah Fawcett의 자연스런 모습의 화장과 머리형태가 유행했다.

9) 1980년대(1979~1989)

머리형태는 전문 뷰티살롱이 대중화되어 많은 사람들이 이용하였고, 헤어 디자이너가 창작 활동으로 매해마다 의상과 같이 다양하게 그들의 창작품을 발표하였다. 이것은 TV 잡지 등의 발달로 곧 대중화하였고 또한 이 작품들은 1980년대의 의식 변화를 예고하였다. 머리형태에도 의상과 같이 의식변화가 반영되어 있는 것을 충분히 알 수 있다. Punk족은 그들의 머리를 불규칙한 길이로 잘라 뽀족하게 한 다음 빳빳이 고정시켜 마치 머리에 뿔이 난 것처럼 보이게 하였다.

▲ 그림 3-62. Afro 머리
형태

▲ 그림 3-63 펑크감각의
헤어컷

▲ 그림 3-64 비대칭적
펑크감각의 헤어컷

　머리형태는 펑크족의 매우 중요한 특색이며, 펑크 감각의 헤어컷 머리의 일부분을 다른 색으로 염색하였다. 이러한 것은 하이패션뿐만 아니라 대중들에게 널리 유행을 불러일으켰다.

　84년 《뉴스위크》지는 하이패션 업계의 헤어디자이너들은 본래 머리형태가 조금 완화된 비대칭적인 짧은 커트나 면도 기구를 이용한 머리형태 등 여러 헤어커트 기구를 이용한 펑크스타일을 내놓고 있다고 했다. 여기서 펑크머리가 대중에게 유행하고 있음을 알 수 있다.

　펑크의 화장은 눈언저리를 멍든 모습으로 그리거나 눈 주위에 검은 웅덩이 모양으로 선을 여럿 두르고 눈꼬리는 날카로운 방추형으로 그리는 드라큘라형 화장을 하였다. 또한 얼굴에 검은색으로 점이나 모양을 그려 넣거나 까만 입술 색깔을 칠하는 외관상 문명 파괴적인 양상을 띠고 있다.

　1984년 말 등장한 Androgynous의 표현에 있어 중요한 부분을 차지하는 것은 머리형태와 화장이다. 이는 종래의 여자다움이나 페미니즘을 초월한 어디까지나 무기적인 크로스 오버 섹슈얼리티(cross over sexuality)를 표현했다. 대표적인 머리형태로는 짧은 커트로 마치 잔디를 깨끗하게 깎은 듯한 스파이키 헤어나 남장여인 디

▲ 그림 3-65 Punk족

트히를 연상케 하는 모습으로 짧은 커트를 모두 뒤로 쓰다듬어 붙인 스타일도 있다. 또한 양쪽 옆머리는 눌러주고 앞머리는 수탉의 볏처럼 세운 것이나 데이빗 보위풍 등 전체적으로 짧은 소년과 같은 머리를 헤어로션이나 드라이로 손질해 유동

▲ 그림 3-66. 포스트모더니즘 경향의 머리형태

감이 있는 여러 스타일로 나타내고 있다.

1980년대에 강한 영향을 끼친 게 있다면 사람이 아니라 매체이다. 많은 스타일이 공존했으며, 유행은 들어오자마자 급속히 중심 무대에서 밀려나는 등 그 주기가 점점 짧아졌다. 여성에 대한 동등한 권리가 새로운 감각의 자신감을 보충하기 위해 몸에 꼭 맞게 옷을 입고 싶은 욕망을 가져왔다. 스포츠에 대한 참여로 더 간단한 머리 손질이 필요하게 되었다. 남자와의 협력과 경쟁에 있어 80년대 여성들은 더 이상 여성적인 방법으로 자신의 위치를 따낼 필요가 없게 되었다. 이것이 화장을 하지 않는 것을 뜻하는 것은 아니었다. 단지 화장을 하는 근본적인 동기가 변화했음을 의미했다.

미국인들은 영국의 찰스 황태자의 구혼과 결혼을 황홀하게 지켜보았으며, 다이애나 비의 커트가 즉시 폭발적으로 유행했다. 긴 머리는 때때로 프랑스식 땋은 머리의 변형으로 손질되었다.

80년대 초반의 남성 머리형태는 옷깃에 닿지 않는 보다 짧은 머리였다. 한편 구습 타파주의자들이 뉴웨이브 음악의 영향으로 일어났는데 충격을 줄 만한 것이면 무엇이든지 사용했다. 예를 들면 머리 맨 위에 약간의 머리카락만 남겨놓고 모두 밀고 머리카락을 위로 꼿꼿하게 고정시킨 머리, 일본 게이샤 화장, 귀 뒤에까지 뻗은 눈썹 같은 것이다. 불일치가 유행이었고, 조화는 뒤로 물러나 있었다. 칼 루이스의 기하학적인 flattop, Steve Simpson의 long curly hair 등 80년대가 끝날 무렵에는 머리형태가 남녀가 공유할 수 있는 것으로 인식되었다.

10) 1990년대(1989~1998)

1990년대 와서는 개인의 독창성이 중요시되어 의상에도 어떤 주된 라인이 없이 각자의 개성 표현에 맞게 선택하듯이 머리형태나 화장에도 의상과 마찬가지로 다양한 스타일이 선택되었다. 헤어컬러를 다양하게 변화를 주는 헤어컬러링이 고도로 발달하여 중요한 부분을 차지하고 있다. 머리형태는 현대에 와서 더욱 인간의 감성을 표현하는 데 가장 중요한 부분이 되었다.

Princess Diana 헤어스타일

Grace Jones flat-top.
geometic look

French braid.

Maenrach hair cut.

Boy george의 헤어사 메이크 업.

steve simpson, long curly ha

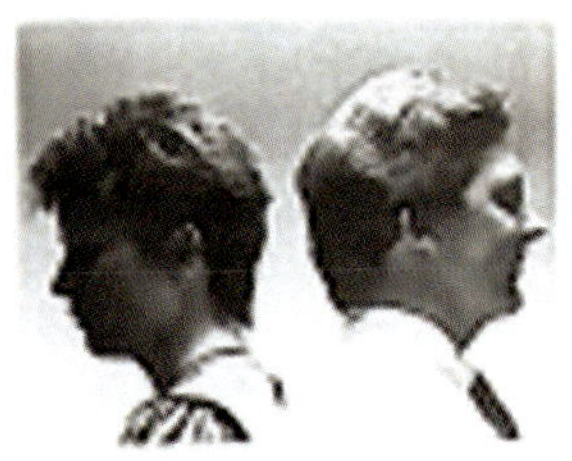

양실꿀류터 헤어스타일

▲ 그림 3-67. 1980년대 헤어스타일

2000년대 이후 미용문화

21세기는 어느 시기보다 더욱 다양해지고 복잡한 양상으로 여러 가지 트렌드들이 공존, 복합 또는 변형되어 존재하고 있다. 자연과 환경의 중요성과 인간성의 회복으로 인해 과장되고 인위적인 느낌을 없애고 완전 순수한 자연의 질감과 컬러를 나타내는 자연주의와 서구 문화의 중심으로 소외되어 있던 토착적, 민속적인 요소를 도입하거나 절충하여 새로운 이미지를 생성한 민속주의와 현재 삶에 대한 불안정성과 불확실성으로 인해 과거를 그리워하는 복고주의 그리고 과학기술의 발달에 따른 미래주의와 산업화로 인해 복잡해진 사회구조 속에서 형식적인 스타일을 해체하거나 거부한 해체주의가 나타났다. 이들 각각의 요소들 사이에는 경계선이 없고 완전히 단절되지 않게 공존되어 나타나며, 표현방법도 회화적인 표현뿐 아니라 전위적이거나 실험적이고 퇴폐적인 표현방법의 미용문화가 보이고 있다.

21세기 와서는 현대미용문화를 주도했던 서구의 미용문화뿐 아니라 동양을 포함한 다양한 지역의 미용문화가 융합되고 미용문화, 패션, 건축, 미술 등 함께하는 진정한 의미의 글로벌화, 포스트모더니즘 형태를 보여주고 있다. 이는 앞으로 21세기 글로벌 시대의 미용문화가 예술영역, 성, 지역, 연령, 민족성 등과 같은 문화적 범주에 제한되지 않고 동시대에 더욱 빠른 속도로 서로 협업하고 교류해 갈 것을 시사한다.

2000년 이후 사회전반에 웰빙, 오가닉, 로하스 트렌드가 부상하여 건강과 자연친화적인 삶의 추구가 중요시되었으며, 웰빙은 웰루킹의 개념으로 진화하면서 외모에 대한 관심이 증가하였다. 소비자들은 가치 있는 명품을 구매하려는 소비와 합리적인 저가 생활용품을 구매하려는 소비의 양극화 현상이 분명해졌다. 고급화와 럭셔리한 명품지향적인 소비가 증가하여 뉴 럭셔리족인 보보스족이 등장한 반면, 자기만의 스타일을 고집하는 노노스족과 차브족도 나타났다. 21세기의 디지털 혁명은 업로드형 세대, 얼리 어답터, 하이제니아족, 코쿤족, 유비노마드족과 같은 새로운 소비자 유형을 창조하면서, 새로운 것에 대한 적극적인 수용과 편리성에 기준을 둔 소비 스타일이 나타났다. 자신의 스타일에 맞는 제품을 직접 제작하는 D.I.Y족 그리고 제품의 생산에 직접 참여하는 프로슈머나 크리슈머와 같은 소비자들은 집단적이고 획일적인 소비자에서 차별화되고 개성을 표현하는 유니크한 소비자로 분화되었다.

패션에서는 명품위주의 럭셔리한 트렌드를 추구하는 현상이 나타났다. 웰빙과 주 5일 근무제로 점차 캐주얼한 스타일이 확대되고 스포티브한 트렌드가 자리를 잡았다. 40, 50년대의

클래식과 엘레강스, 60년대의 모던 미니멀, 70년대의 보헤미안과 히피, 80년대의 글렘에 이르기까지 레트로 패션이 지배적으로 나타났다. 글로벌화와 첨단화로 해외 트렌드를 수용하는 속도와 범위가 확대됨으로써 에스닉 이미지가 국내 헤어패션에서도 다양하게 전개되었다.

01

메이크업

1) 자연주의

자연주의적 경향은 순수, 자연회귀, 인간본성 회귀의 경향으로 인위적인 것을 거부하고 자연의 순수성과 여유 및 정신적 풍요를 갈망하고 있다. 1990년대 후반 이후부터 계속적으로 '자연으로 돌아가자'는 캠페인으로 진하고 두꺼운 화장에서 내추럴 메이크업을 선호하는 경향은 빠지지 않고 거의 매 시즌 나타나고 있다.

자연주의 메이크업은 유사색의 조화 및 동일색의 색 조화에 따른 색조화장의 톤을 낮추고, 얼굴 형태와 피부 색상, 얼굴의 결점 등을 자연스럽게 드러나도록 표현하는 내추럴 메이크업을 말한다. 또한 눈썹은 본래 눈썹모양을 자연스럽게 살려주고, 눈 화장은 자연스런 색상으로 음영을 주며 입술화장은 최대한 인공미를 배제한 자연스러움을 살릴 수 있는 컬러로 처리하고, 볼 화장은 오렌지 계열 색상으로 수평으로 넣어준다.

이러한 내추럴 메이크업에서 가장 중요한 것은 피부표현이며, 매트한 타입과 촉촉하고 윤기 있는 글로시 타입과 건강함과 활발함을 살리는 그을린 듯한 피부 표현을 볼 수 있다.

내추럴 메이크업은 거의 한 듯 안 한 듯한 피부표현과 색조미용으로 모던한 미니멀리즘을 보여주는 베어 누드(bare nude) 메이크업, 윤기 나는 피부표현과 파스텔톤의 색조미용으로 로맨틱한 느낌의 레디언트(radiant) 메이크업, 태양에 그을린 듯 건강한 브론즈톤의 태닝(tanning) 메이크업 등으로 나누어 볼 수 있다.

(1) 베어 누드 메이크업

베어 메이크업의 특징은 주근깨가 드러나는 가볍고 건강한 피부표현과 눈 화장은 아이 섀도, 아이라인, 마스카라를 거의 배제하고 입술은 립 라인 없이 투명 립글로스만을 바르며 볼 화장도 주홍색 볼 화장으로만 포인트를 주어 부드러우면서도 건강함을 표현한 순수한 이미지이다.

〈그림 4-1〉에서는 파우더를 생략하여 윤기 나는 피부표현과 자연스러운 혈색을 준 블러셔와 립으로 건강한 느낌의 메이크업을 나타냈다.

▲ 그림 4-1. Bare nude Make-up 2001 S/S Lanvin

(2) 레디언트 메이크업

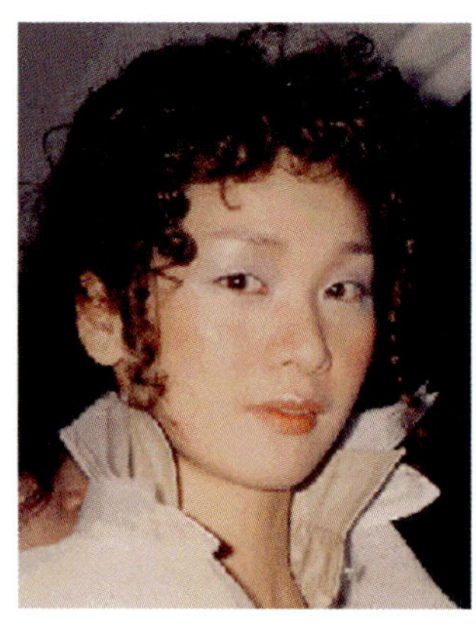

레디언트 메이크업은 옐로, 블루, 라일락 등의 파스텔톤 아이 섀도와 둥근 모양의 복숭아 빛 블러셔, 살짝 붉은 기만 있는 글로시한 입술표현, 얇고 진주 빛처럼 투명하고 반짝이게 피부를 표현한다.

〈그림 4-2〉는 파스텔톤의 핑크 컬러와 라벤더 컬러를 눈 주위에 그라데이션하고 피치계열로 볼과 입술을 표현한 래디언트 메이크업이다.

▲ 그림 4-2. Radiant Make-up 2002 S/S Jinteok

(3) 태닝 메이크업

태닝 메이크업은 피부톤 보다 1~2톤 정도 어두운 파운데이션을 얇게 처리하여 그을린 듯하게 피부를 표현하고 T존과 V존 부분에 골드톤 크림 섀도로 입체감을 주며 오렌지 블러셔나 브론즈톤의 펄 파우더로 광대뼈나 볼 주위에 음영을 표현한다.

2) 민속주의

민속주의는 인위적인 것에서 벗어나 자연적인 흐름과 정신주의적 운명론을 바탕으로 한 동양 복식의 형태미나 아프리카 지역의 때 묻지 않은 원시성에 향수를 느끼게 되면서 전통복식에서 영감을 얻은 세계의 다양한 민속적 취향을 받아들여 원형 그대로의 모습이 아니라 다양한 민속적 유산의 재해석을 통해 새로운 감각으로 창조되는 것이며, 독특한 민속 고유의 특이한 개성을 보편성으로 받아들여지기를 원하는 한 취향으로 제시한 것이다.

민속주의 메이크업은 중국과 일본의 전통극의 분장과 인도, 아프리카 등의 각 나라의 풍속을 모티브로 하여 표현하였다.

21세기에 이르러 포스트모더니즘의 영향으로 에스닉 메이크업의 전통성을 벗어난 변형이나 혼합 응용된 스타일이 많이 선보였다. 단순한 동양적인 이미지의 과거를 재현하기보다는 신소재의 사용과 새로운 표현기법을 응용하여 미래지향적인 복합적 스타일로 재해석하거나 에스닉이란 범주 안에서 다양한 인종과 민족의 특성이 한 스타일에 표현되는 다민족주의적인 혼합성을 지닌다.

(1) 동양풍 메이크업 응용

하얀 피부표현과 함께 검정 눈썹과 붉은 입술·눈·볼이 주조를 이루고, 일자형이나 반달형 모양의 눈썹을 그리며 눈 화장의 색상은 노랑, 빨강, 황금색 등이고, 검고 두꺼운 아이라인, 입술은 작고 요염하게 짙은 빨강이나 자주 등의 색상을 바른 후 윤기 있게 처리한다.

〈그림 4-3〉은 경극 분장을 응용한 메이크업으로 얼굴 전체에 흰색 크림을 바르고 아이 브로우는 굵고 진하게 표현하며, 눈 앞머리는 눈썹 앞머리를 검은 색의 노즈 섀딩을 주면서 눈썹과 연결하였으며, 과장되고 인위적인 인조 속눈썹을 이용하여 아이 존을 확장 시키고, 얼굴 가장 자리 부분에 검은 크림으로 띠를 둘러 가면을 쓴 것처럼 보이게 연출하였다. 입술의 크기는 실제보다 작게, 입술 두께는 실제보다 크게, 입술 모양을

▲ 그림 4-3. Applied with oriental Make-up 2003 F/W Christian Dior

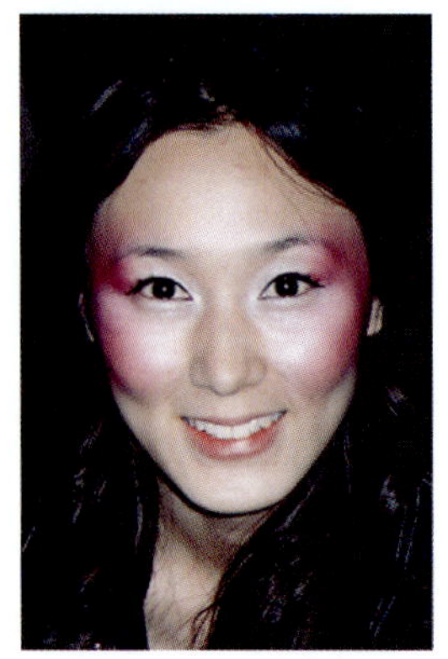

삼각형으로 작고 도톰하게 그리고 입술라인은 블랙으로 뾰족하게 표현하였다.

〈그림 4-4〉에서는 붉은 핑크계열의 펄 크림섀도와 글리터링(glitering)으로 눈과 블러셔를 연결하여 눈 꼬리에서 관자놀이, 볼 부위를 타고 흘러내리는 듯한 느낌의 화려한 붉은 색으로 표현하였는데, 험악하거나 과장된 이미지보다는 로맨틱하면서도 순수한 이미지의 오리엔탈 메이크업을 표현하였다.

(2) 인도 발리우드 메이크업

가무잡잡한 피부, 진하고 강한 눈썹, 과장된 아이 메이크업, 화려한 디테일로 대변되는 '발리우드 뷰티(Bollywood beauty)'가 새로운 트렌드로 떠오르고 있다.

〈그림 4-5〉에서는 인도 발리우드 축제에서 영감을 받아 모델들의 얼굴과 온몸을 블루 계열로 표현하였으며, 이마 전체에 둥근 실버 비즈를 빈틈없이 붙이고, 입술도 빨간색의 비즈를 빈틈없이 붙여 화려하면서도 신비로운 느낌을 강조하였다.

(3) 아프리카 프리미티브 메이크업

아프리카 프리미티브 메이크업은 원시성과 토속성을 나타내기 위한 채색을 응용한 메이크업과 주술적 의미의 액세서리를 이용한 메이크업 등으로 나타났다.

〈그림 4-6〉은 어둡고 과장되게 글로시한 피부표현에 다른 색조 미용은 배제하고, 주술적인 느낌의 골드 금속 패치를 눈 위·아래 붙여 콜라주 기법의 원시적인 메이크업을 선보였다.

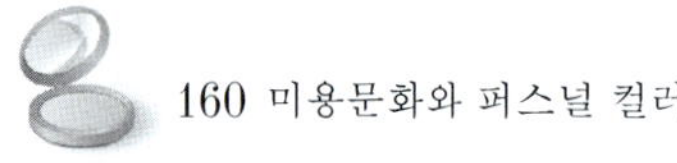

3) 복고주의

　복고주의는 과거 복고와 원시회귀의 경향을 보이고 있으며, 이것은 옛것을 새롭고 독특하게 해석하려는 대중문화의 흐름 중 하나로서, 비문명적인 요소 도입을 통한 자연미와 현대미의 공존을 특징으로 하는 개념이라 할 수 있다.

　메이크업에서의 복고주의는 창백한 피부표현과 가는 눈썹, 작은 입술표현의 1920~1930년대 흑백 메이크업, 모노톤의 스모키 아이 메이크업과 누드톤 입술 표현의 60년대 히피 메이크업, 메탈릭한 아이 섀도와 누드톤의 입술 표현, 강조된 아이라인과 속눈썹 등을 이용한 70년대 글램 록(glam rock) 메이크업, 대담한 아이 섀도와 선명한 빨간 입술 표현의 80년대 글래머 메이크업 등으로 나타났으며, 단순히 과거에 유행한 메이크업 스타일의 재현을 뜻하기도 하지만 과거의 친근한 메이크업 형태를 응용, 변화시켜 인위적이고 화려한 메이크업이 두드러지는 경향을 보였다.

▲ 그림 4-7. Make-up in 1920s 2004 S/S John Galliano

(1) 1920~1930년대 흑백 메이크업

　〈그림 4-7〉에서는 창백한 피부 톤에 눈썹은 실제 모델의 눈썹을 없애고 눈썹 위의 이마 부분에 펜슬로 가늘고 눈썹꼬리가 약간 처진 듯하게 인위적으로 그리고, 은색의 펄로 눈물을 흘리는 듯한 아이 메이크업과 작은 입술표현 등으로 1920년대 메이크업을 그로테스한 이미지로 변형하여 표현한 것을 볼 수 있다.

▲ 그림 4-8. Make-up in 1960s 2003 F/W Kang Hee Suk

(2) 1960년대 히피 메이크업

　1960년대 히피들은 어떤 스타일을 인위적으로 연출하지 않았고, 자연스러운 피부표현과 아이섀도, 아이라인, 마스카라 등의 눈 미용과 입술 미용도 거의 하지 않은 모습이었다. 그 당시 히피들은 마약으로 인해 피부가 창백하고 눈 주위가 푹 꺼

▲ 그림 4-9. Make-up in 1980s 2001 S/S Jeremy Scott

져 보였는데, 오늘날 패션 컬렉션에서 히피들의 퀭하고 반항적인 눈매를 과장되게 표현하기 위해 피부 표현은 매우 가볍게 하고, 눈 화장은 모노톤을 이용한 극도로 강조된 스모키 아이 메이크업으로 표현하였으며, 입술은 눈과 대조되게 누드톤의 립스틱을 바른 모습을 볼 수 있다.

〈그림 4-8〉은 눈 화장은 진한 회색과 검은색의 스모키 아이 메이크업으로 눈을 강조하고 입술은 펄이 들어간 누드톤의 립스틱을 바르고 뱅 헤어스타일로 복고적인 메이크업을 표현하였다.

(3) 1970년대 글램 록 메이크업

1970년대 글램 록 메이크업은 70년대 록 가수인 데이빗 보위의 양성적인 룩의 과장되고 펑키한 이미지로 부풀려진 헤어와 눈 꼬리를 강조한 메탈릭 컬러의 스모키한 아이 메이크업이 중요한 포인트이다. 또한 2002년 봄/여름 컬렉션에서는 70년대 메이크업의 가장 큰 특징인 '컬러풀한 풀 메이크업'이 보였는데, 그 당시의 메이크업은 파운데이션을 이용한 완벽한 피부표현에 눈썹은 아치형으로 깔끔하게 정리되고, 눈에는 아쿠아 블루, 그린 등의 펄 컬러의 아이섀도를 이용했다. 특히 속눈썹과 아이라인을 강조하기 위해 인조 속눈썹을 붙였고, 오렌지와 핑크 등의 사랑스런 블러셔와 누드톤이나 오렌지, 핫핑크 립스틱을 발랐으며, 또는 블루나 그린 아이섀도와 함께 촉촉한 립글로스로 표현하였다.

(4) 80년대 글래머 메이크업

〈그림 4-9〉에서는 골드와 핑크톤의 아이섀도로 눈 앞머리에서 눈 꼬리로 길게 빼서 과장되게 표현하고, 특히 아이라인의 언더라인 부분을 진하고 굵게 표현하여 눈을 강조하였으며, 사선으로 날카롭게 표현한 피치 계열의 블러셔와 핫핑크 립스틱으로 마무리해 눈과 입술, 볼 화장을 모두 강조한 80년대 풍의 메이크업을 선보였다.

4) 미래주의

미래지향적인 관심은 사이버 · 테크노적 이미지, 메탈릭한 소재 외에 신소재, 무채색의 추상적이거나 기하학적인 패턴 등을 그 표현의 특징으로 하며, 일반의 유행을 앞선 독창적이고, 독특한 메이크업이나 대중성을 무시하고 실험적인 요소가 강한 첨단의 감성들로 나타난다.

미래주의의 메이크업은 대부분 핏기 없이 창백하거나 팽팽하고 완벽하게 피부를 표현하며, 사이버 메이크업과 모던(modern) 메이크업으로 나타났다.

사이버 메이크업은 광택성을 가진 소재의 차가운 느낌의 특성을 표현하기 위해 기계적인 느낌의 펄이나 글리터 등을 사용하거나 메탈릭한 신소재, 플라스틱, 에나멜 등의 합성소재를 이용하여 표현하였다.

모던 메이크업은 색조를 거의 찾아 볼 수 없거나 암울하고 음산한 분위기의 무채색의 컬러를 이용하여 기하학적 패턴이나 추상적인 모티브를 표현하였다.

(1) 사이버 메이크업

〈사진 4-10〉에서는 창백한 누드 메이크업에 눈 밑에 날카로운 느낌의 메탈 금속 소재를 붙여 포인트를 주어 표현하였으며, 〈그림 4-11〉에서도 앞머리를 깔끔하게 처리하고 사이버적인 이어폰으로 헤어 액세서리를 장식하고 눈에는 형광

▲ 그림 4-10. Cyber Make-up 2003 F/W Jeremy Scott　　▲ 그림 4-11. Cyber Make-up 2003 F/W Blaak　　▲ 그림 4-12. Modern Make-up 2004 S/S Lee Jin Yun

테이프를 붙여 미래 전사와 같은 이미지를 연출하였다.

(2) 모던 메이크업

〈그림 4-12〉에서는 석고상의 이미지를 미래적 메이크업에 적용시켜 전체 얼굴에서 코 밑으로만 직선적으로 흰색의 크림을 두껍게 발랐다.

5) 해체주의

해체주의란 불확실한 미래에 대한 두려움으로 기괴한, 애매모호한, 믿을 수도 없는 현상이라는 의미를 가진 것으로, 절대적인 의미의 근원을 파괴하고 현 상황의 불확실성 혹은 불정형성 및 불안을 그대로 인정함으로써 경직된 사고에서 벗어나 모든 것을 받아들임으로써, 세기말의 불안감과 위기의식이 실체를 지나치게 과장하거나 왜곡시키는 그로테스크한 경향으로 나타나게 된 것이다.

메이크업에서의 해체주의는 기존의 메이크업 개념을 탈피하여 파괴성, 이질성, 부적합성, 탈 중심성 등을 나타내고 얼굴이라는 조형요소를 해체하여 새롭게 재구성한 메이크업이라 할 수 있으며, 데카당스(Decadence) 메이크업과 유머러스(humorous) 메이크업 등으로 나타났다.

데카당스 메이크업은 정형화된 메이크업과는 달리 추한 것의 개념에서 확장된 의미로 현대의 암울한 이미지를 표현한 메이크업으로 혐오스런 문양이나 병적 분위기의 색상, 강한 원색의 사용으로 성을 자극시켜 거부감을 일으키는 메이크업으로 나타났다.

유머러스(humorous) 메이크업은 긴장의 갑작스런 소멸과 의외성으로 웃음을 자아내는 해학성을 띠며 오락적인 카타르시스의 기능과 현실 도피의 의미가 내재되어 있는 것을 볼 수 있다.

(1) 유머러스 메이크업

〈그림 4-13〉은 마치 피에로를 연상케 하는 메이크업으로 눈썹은 눈 꼬리가 아래로 처진 듯하게 표현하고, 속눈썹은 언더부분까지 길게 심어 주었으며, 입술은

펭귄처럼 중앙에만 뾰족하게 그렸으며, 양쪽 볼에 주근깨를 표현해 전체적으로 언밸런스하게 표현함으로써 20년대의 복고메이크업을 유머러스하게 과장된 느낌으로 연출하였다.

(2) 데카당스 메이크업

〈그림 4-14〉에서는 흰 피부표현과 대비적으로 언더라인에 붙인 과장된 검은 속눈썹과 입술 표현 등으로 강렬한 인상을 주는 미래적 이미지의 좀비메이크업을 연출하였으며, 〈그림 4-15〉인 한송 컬렉션에서는 창백한 흰 피부표현과 립 표현에 그림자가 드린 듯한 아이 메이크업으로 음침한 병적 분위기를 나타냈다.

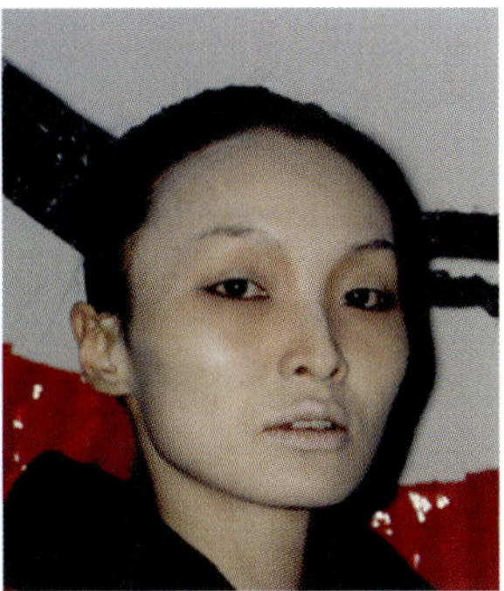

▲ 그림 4-13. Humorous make-up 2003 F/W Warren Noroha ▲ 그림 4-14. Decadence make-up 2002 S/S Warren Noroha ▲ 그림 4-15. ecadence make-up 2001 F/W Han Song Fatima Lofez

02

헤어스타일

:: 2000년대 헤어스타일

2000년도의 헤어스타일은 이전에 만들어진 컷테크닉에 더하여 자유로운 스타일이 창출되고 형식적인 것이 탈피되는 시점이다.

대표되는 헤어스타일인 디스커넥션컷, 섀기컷, 베컴 헤어스타일, 복고주의 로맨틱내츄럴 헤어스타일, 트위기의 짧은 헤어스타일, 글래머스한 웨이브의 헤어스타일로 나누어 서술하고자 한다.

기술의 발달로 다양한 기구가 개발되면서 펌 분야도 기계와 기술의 발달로 많은 변화를 가져왔다. 그러므로 헤어스타일도 다양화, 개성화 되고 있다.

(1) 디스커넥션컷

헤어디자인 부분은 커다란 전환점을 보이게 된다. 이전에 만들어진 기본적인 커트 테크닉에 더하여 이제는 자유와 크리에이티브가 창출되기 시작했다. 특히 헤어 컷 부분에는 자유로움과 형식 탈피 등이 시도되었다.

아모스가 2000년에 제안한 '커팅 아웃'은 이러한 움직임의 대표가 되는 테크닉으로 모발 끝선에서 자유로움을 제공함과 동시에 헤어디자이너에게는 창작의 자유를 제시한 혁신적인 헤어 컷이었다. 또한 지난 90년대 유행한 바 있는 '디스커넥션'의 재등장과 함께 헤어 디자인은 더욱 풍부해지게 되었다.

▲ 그림 4-16. 디스커넥션컷

디스커넥션은 커팅비율과 다른 길이의 배합, 표면의 형태에 질감 처리가 중요한 요소가 되어 컷디자인을 최종적으로 결정하였다.

(2) 베컴 헤어스타일

영국의 축구스타 베컴의 헤어스타일이다.

두상의 양옆을 짧게 자르고 머리 가운데만 뾰족하게 세우는 '닭벼슬' 모양의 헤어스타일이다.

이러한 현상은 남성들의 가치지향적 자아실현을 통해 시각적으로 나타난다. 메트로섹슈얼 현상은 이전까지 여성의 전유물이었던 패션, 뷰티, 성형 등 외모에 대한 관심도가 높아지면서 공감대를 형성하거나 많은 지출을 하는 것을 그 특징으로 한다.

▲ 그림 4-17. 베컴 헤어 스타일(닭 벼슬 머리)

과거의 권위적이면서 가부장적인 사고를 버리고 현대의 여성들과 그녀들의 의식변화에 발맞춰 함께해야 한다는 개념의 변화를 가져왔다.

(3) 복고주의의 로맨틱, 내츄럴 헤어스타일

현대적 이미지로 재구성한 복고풍 스타일이다.

로맨티시즘과 내츄럴리즘이지만 그 표현은 매우 다양하다. 그 중 가장 주목받은 스타일은 부드럽게 나풀거리는 웨이브 헤어, 휴양지에서 만난 듯 여유롭고 나른한 이미지의 컬러헤어, 인형 같은 굵은 웨이브, 두 갈래로 땋은 롤리타 헤어스타일 등이었다.

전반적인 헤어디자인은 곡선미를 부각시키면서 좌우 스타일의 밸런스를 비대칭으로 구성한 불균형 조화이다. 소니아 리키엘 패션쇼에서 나타난 80년대 웨이브스타일, 샤넬 패션쇼의 앞머리를 세운 스타일이나 헤어밴드, 실핀, 헤어악세서리 등 다소 손질 안한 듯한 스타일, 자연스러운 생머리나 머리를 높게 올리는 업스타일 등이 그 예이다.

2003년에는 자연스러우면서도 관능적인 여성미에 초점을 맞춘 자연주의 헤어스타일, 로맨틱하고 자연주의의 헤어스타일, 파티를 위해 치장한 미녀의 헤어스타일이 아닌 막 잠자리에서 일어난 듯한 자연스럽게 헝클어졌으면서도 사랑스럽게 느낌을 주는 헤어스타일이 유행하였다.

▲ 그림 4-18. 복고풍 스타일

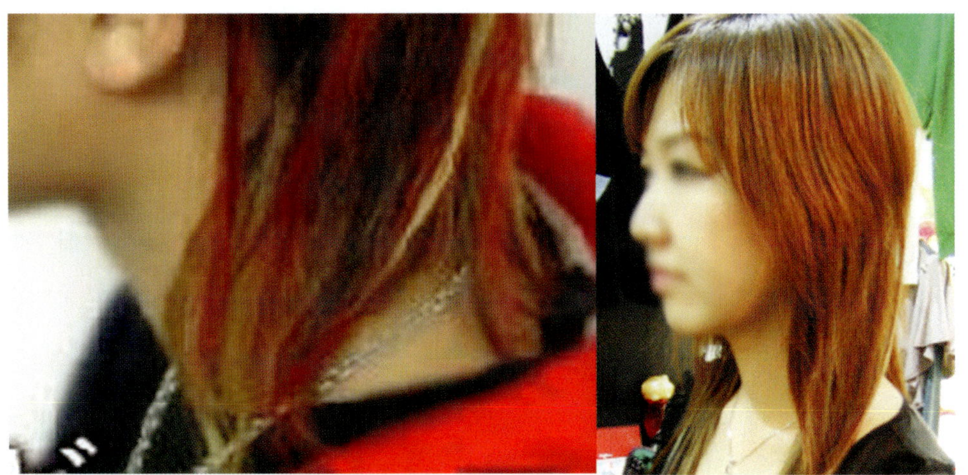

(4) 섀기컷

'깃털처럼 가벼운'이라는 뜻의 샤기 커트는 일명 바람머리라고 불린다. 머리끝을 자르고 약간 헝클어진 듯하면서도 사연스러운 느낌을 주는 스타일이다.

섀기컷은 일본에서 개발된 컷 방법으로 섀기(shaggy)의 일본식 발음으로 깃털처럼 가볍다는 뜻이다. 이 컷은 얼굴이 넓고 골격이 강하며 머리카락이 굵은 동양인에서 어울리는 스타일로 손질이 쉽고 느낌이 가볍고 경쾌한 것이 장점이다. 섀기컷의 종류에는 층을 많이 내어 가벼운 느낌을 내는 레이어드컷, 머리카락을 미끄러지듯이 자르는 슬라이스컷, 머리 위쪽과 뒤쪽은 길게 남기고 옆은 짧게 치는 울프컷 등이 있다. 가볍고 발랄한 느낌의 섀기컷은 여성들뿐만 아니라 보다 적극적으로 아름다움을 추구하는 남성들에게도 어필하였다.

2006년에 유행한 헤어스타일은 끝머리의 숱이 적어지는 섀기컷은 거의 찾아볼 수 없었고 무겁게 떨어지는 라인의 커트가 대부분이었다. 전체적으로 볼륨감이 느껴지되 헝클어진 듯 만들어낸 웨이브가 아니고 물결처럼 부드럽게 흐르는 느낌의 웨이브의 헤어스타일이다.

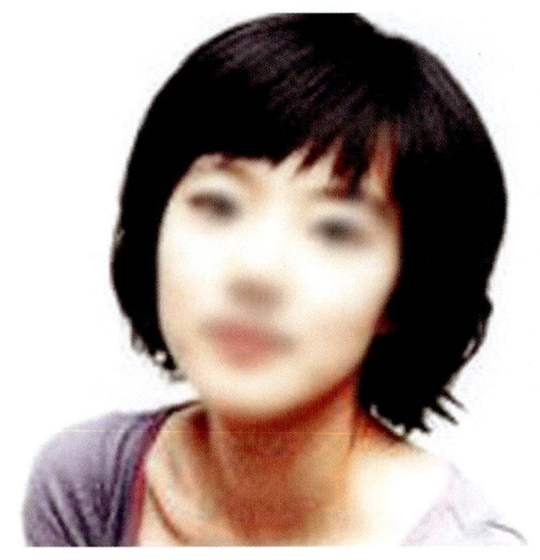

(5) 트위기의 짧은 헤어스타일

2007년에는 1960년대 패션모델 트위기의 짧은 헤어스타일을 재해석하였다.

60년대 모델 트위기는 미니스커트와 직모의 짧은 헤어컷으로 긴 머리의 여성이 아름답다는 편견을 깨트렸다. 전 세계가 트위기의 짧은 헤어스타일에 열광했다.

귀를 살짝 덮는 짧은 머리와 앞머리의 뱅으로 어리고 세련되어 보이는 효과가 난다.

트위기의 컷은 길이에 따라 다양한 분위기를 연출할 수 있고, 머릿결을 살려 커트한 헤어스타일 때문에 풋풋하고 사랑스러워 보였다. 이것은 디스커텍션커트나 섀기컷이 트위기컷으로 변형된 것이다.

(6) 글래머러스한 웨이브의 헤어스타일

2008년도 클래식 헤어에 세련된 커트 라인과 도시풍의 컬러링을 접목해 복고적인 감성과 도시적인 감성을 표현했다. 미니멀리즘의 강세를 타고 2007년도 주류를 이루었던 짧은 헤어스타일에 길이가 더욱 짧아진 다양한 쇼트 컷 스타일이 유행하였다. 그라데이션 아웃라인이 좀 더 세련되어 보이고 로맨티시즘의 영향으로 부드럽고 소프트한 컬러, 1~2레벨 밝아진 이미지의 헤어 컬러링이 유행하였다. 그라데이션 커트 비중이 높아져 전체적인 흐름이 모더니즘이 강하게 반영된 헤어스타일이 유행함으로서 전체적인 헤어스타일 형태가 단정하게 정리되는 경향이 나타났다.

과거보다 그라데이션 커트의 비중이 높아져서 레이어의 컷에도 무게감을 주는 헤어스타일이 유행, 무거운 것 보단 가벼운 펌이 유행하였다. 차분하면서도 부드러움을 보이는 웨이브가 인기있을 것으로 전망되며, 숱이 없는 사람들을 위해 무거운 헤어스타일이 제시되기도 하지만 언제든지 직모로 돌아갈 수 있는 가벼운 펌을 선호하는 경향이 이어질 추세이다.

전반적으로 환경과 자연이 조합되어 새로운 영역이 창조되면서 공기 위에 앉은 듯한 초경량의 가벼운 느낌을 표현한다. 헤어스타일은 2008년도에 지배적이었던 블런트 컷으로 연출된 무거웠던 텍스춰에 비해 아웃라인은 유지되면서 전체적인 무게감이 덜어져 소프트하고 가벼운 텍스춰의 디자인이 보여진다.

앞으로의 헤어스타일은 더욱 더 위계질서와 상관없이 구성되고 서로 이질적인 것이 믹스 앤 매치 되는 방향으로 나아갈 것이다.

퍼스널 컬러-
자신에게 가장 어울리는 색상 선택하기

01

퍼스널 컬러의 개념

    1960~1970년경에 나타난 '패션 코디네이션'이란 개념은 지금까지 단순히 '의복을 착용한다'는 생각에서 한층 발전되어, 개인의 용모나 체형, 착용하고자 하는 목적, 시간과 장소에 맞게, 자기의 신체적 결점을 보완하고, 개인적 취향을 살리는 방향으로 의복을 착용하는 것을 의미한다. 이러한 흐름에 따라 최근에는 옷의 종류, 색상, 소재, 무늬나 디자인의 조화, 액세서리, 메이크업, 헤어스타일과의 조화까지 포함하는 토털 코디네이션 개념이 도입되었다.

    이러한 '토털 코디네이션'의 한 기법으로 주목해야 할 것이 바로 색채 기법이라 할 수 있다. 색채는 모든 것의 가장 기본이 되는 것으로, 의복착용 시의 이미지 형성에 상당한 영향을 미침과 동시에 체형의 결점을 보완해 주고, 매력을 돋보이게 하는 효과가 있다. 또한 사회 전반이 왕성하게 발전하기 시작한 20세기에 이르러서는 다양한 성공전략의 한 방법으로 이미지 메이킹(image making)이란 단어가 등장하게 되었다. 이것은 말 그대로 어떤 목적하에 자신의 이미지를 만들어 내는 것이다. 이때 의복의 색상과 메이크업 색상, 헤어 컬러의 조화가 중요한 부분을 차지하는 것을 알 수 있다.

퍼스널 컬러 진단

퍼스널 컬러 진단(Personal Color Consulting)은 개인이 갖고 있는 고유의 머리색, 피부색, 눈동자색을 분석하고, '컬러 테스트 천'을 이용하여 자신에게 어울리는 색을 찾아내는 과정을 의미한다.

퍼스널 컬러에서 중요한 색의 분류는 색의 언더톤(under tone)이라는 사고에

▲ 그림 5-1. warm tone의 색상들

근본을 두고 있다. 색의 언더톤은 다색배색 가운데 전체의 색조에서 공통된 색깔로 느껴지는 배합을 말한다. 대표적인 것으로 전체적으로 푸른색이 느껴지는 블루 베이스, 노란색을 느낄 수 있는 옐로 베이스가 있다. 초기에는 단순히 색의 분류방법의 한 가지였지만 지금은 색의 언더톤 사고방식으로 사람에 대해 어울리는 색과 어울리지 않는 색을 결정하는 퍼스널 컬러로 발전했다.

퍼스널 컬러의 시스템으로 seasonal color system이 미국에서 개발되어 「color me beautiful」(1981)에 소개되어 일반적으로 알려지게 되었다.

사람에게는 각기 자신에게 맞는 색이 있는데, 이는 주로 피부색과 관련지어 생각해 볼 수 있다. 예를 들어, 잇덴은 크림색 피부를 갖고 있는 사람과 핑크색 피부를 가진 사람이 어떤 색 계열의 옷을 입어야 어울리는가를 연구하면, 크림색 피부에는 옐로가 기본(base)이 되는 옷, 핑크색 피부는 푸른빛이 기본(base)이 되는 옷을 입었을 때 자연스럽게 어울린다는 이론이다. 또한 이들 어울리는 컬러군은 4개 그룹으로 나뉘어져 매우 친숙한 계절의 이름을 빌려 패턴화한 것이다. 봄·여름·가을·겨울(봄·가을은 옐로 베이스의 웜(Warm) 계열이고, 여름·겨울은 블루 베이스의 쿨(Cool) 계열)의 계절 이미지와도 부합된다.

▲ 그림 5-2. cool tone의 색상들

컬러 언더톤의 개념

어울리는 컬러군을 계절과 연관되는 봄, 여름, 가을, 겨울의 네 가지로 구별할 때 모든 사람은 이 네 가지의 컬러군 중 하나에 속하게 된다. 이 네 가지 컬러군을 크게, 웜톤(warm tone)과 쿨톤(cool tone)으로 나누는데, 이때의 Warm과 Cool은 종래의 난색과 한색이라는 개념과는 구별된다.

즉, 웜톤은 모든 색에 노란색이 기본이 되어 따뜻한 느낌이 나며, 봄·가을의 컬러군이 이에 해당된다. 반면 쿨톤은 모든 색에 파란색이 기본이 되어 차가운 느낌이 나며, 여름·겨울의 컬러군이 이에 해당된다.

예를 들어, 빨간색이라고 해도 노란빛이 많이 가미된 주홍색이나 벽돌색은 웜톤의 빨강이고, 파란빛이 많이 가미된 와인색이나 블루레드는 쿨톤의 빨강인 것이다.

시즌 컬러 시스템

머리카락과 눈동자 색깔의 가장 만족스러운 조화는 그 사람이 지니는 천성적 특성에서 오는 것이다.

어울리는 색상이라 함은 테스트 천과 얼굴의 일치감이 두드러지며, 흰자 부분이 선명하게 보이고, 얼굴의 윤곽이 뚜렷하게 보여 살쪄 보이지 않는다.

또한 혈색이 맑고 투명하게 보여 잡티나 어두운 부분 등이 사실보다 옅게 나타
나며, 인상이 어두워 보이거나 누렇게 뜨지 않아 생기가 있어 보이고 나이보다
젊게 보인다.

반면, 어울리지 않는 색상은 테스트 천이 너무 눈에 띄거나 하여 얼굴이 분리된
느낌을 주게 된다. 즉, 눈동자나 얼굴 부분이 희미해 보이고, 잡티 부분이 두드러
져 보이며, 갑자기 누렇게 보이거나 검게 보이기도 하여 침체된 분위기를 느끼게
한다.

어울리는 색의 선택

인간은 색에 대해서 좋다, 싫다는 감정이 확실하다. 그렇기 때문에 시대와 함께 고객의 기대도 커지고, 각기 개성에 맞는 색의 선택도 대단히 중요해졌다. 개성을 살리고 사람을 보다 더 아름답게 보이게 하는 데는 우선 '어울리는 것'이 기본적인 조건이다. 그러므로 각자에게 알맞은 색을 선택하는 것이 중요하다. 어울리는 색이란 어떤 색인가, 그리고 그 색을 발견하는 방법은 어떤 것인가에 대해서 알아보자.

1) 네 가지 컬러군에 속하는 피부, 눈동자, 모발의 색

어울리는 색이란 제일 '빛나는 색', 즉 발랄하고 시원하며 젊게 보이는 색, 피부색이 아름답게 보이는 색 등 각자에게 있어 가장 빛나 보이는 색일 것이다. 이때의 이 알맞은 색을 퍼스널 컬러(personal color)라고 한다. 다음은 퍼스널 컬러를 A, B, C, D의 네 가지 타입으로 나눈 컬러 시스템(color system)이다. 피부, 눈동자, 모발의 색을 기초로 분석하면 모든 사람의 퍼스널 컬러는 반드시 네 가지 타입 분류에 속한다고 볼 수 있다.

어두운 색을 중심으로 브라운(brown)계, 베이지(beige)계, 그린(green)계 등 에스닉조의 색이나 녹색이 많이 들어 있다.

명도: middle & low

채도: low

브라이트톤(bright tone), 비비드톤(vivid tone), 페일톤(pale tone)의 색이 많이 들어 있어 A type의 색을 전체적으로 밝게 한 느낌이다.

명도: high & middle

채도: high

　　모노톤을 중심으로 블루, 핑크 비비드톤, 다크톤(dark tone)의 색 등 분명하고 밝으며 강한 색이 많이 들어 있다.

　　명도: high & low

　　채도: high

　　라이트 그레이시톤(light grayish tone), 그레이시톤(grayish tone) 등 소프트한 색, 연한 색이 많으며 전체적으로 C 타입을 부드럽게 한 느낌이다.

　　명도: high

　　채도: low

2) 피부, 눈동자, 모발색 판단

셀프 체크(self check)는 퍼스널 컬러를 결정하는 수단이 되는 세 가지 기본, 즉 피부, 눈동자, 모발의 색을 완전히 파악하는 것으로부터 시작한다.

피부, 눈동자, 모발의 색 중에서도 특히 피부색이 그 결정요인이 된다. 이때 명도는 비교적 판단하기 쉬우나 색상의 구별은 다소 힘들다. 동양인의 경우 황색계의 피부색이 많은 듯하나 우선 웜톤인가 쿨톤인가를 판단한다. AB계이면 따스한 기미가 있는 핑크 계열이나 옐로 계열이고, CD계는 다소 푸르고 차가운 기미의 핑크 계열 피부나 옐로 계열 피부 색상이다.

모발 · 눈동자의 컬러 차트		
Type	모발색	눈동자색
A	brown black, golden brown dark brown / golden gray brown / warm gray(따스한 느낌)	dark brown brown black
B	light brown / black medium brown golden gray / yellow pearl / dark brown / warm gray(따스한 느낌)	light brown medium brown dark brown black
C	black brown / dark brown / silver gray (은발, 차가운 느낌)	black dark brown brown black
D	medium brown / black brown / silver gray (은발, 차가운 느낌) / dark brown	brown medium brown dark brown gray brown

모발색의 스케일

동양인의 경우 모발, 눈동자의 색을 크게 분류하면 브라운계와 블랙의 조화가 있다. 각각 약간의 미묘한 차가 있기 때문에 다른 사람과 비교해 보는 것도 도움이 된다.

피부의 컬러 차트				
	AB warm계		CD cool계	
색	warm pink	warm yellow	cool pink	cool yellow
희다	pale pink 따스한 기미가 있고 혈색이 좋은 흰 피부	warm white 아이보리계 혈색은 없으나 투명감이 있는 흰색	rose pink 혈색이 좋고 약간 푸른 기미가 있는 핑크색	cool white 혈색이 좋지 않고 창백하다.
보통	따스한 기미가 있고 혈색이 좋은 보통 피부	혈색은 없으나 칙칙하지 않다	혈색이 있고 핑크 기미가 강하다.	혈색이 없고 칙칙하며 안색이 나쁘다.
어둡다	orange dark 혈색이 좋고 건강한 흑색	warm dark / golden dark 햇볕에 태운 것 같은 갈색의 검은색	dark rose beige / pinkish dark 약간 붉은 얼굴의 검은색 입술 색소가 짙다.	cool dark olive 혈색이 없고 검으며 황색기미가 강하다.

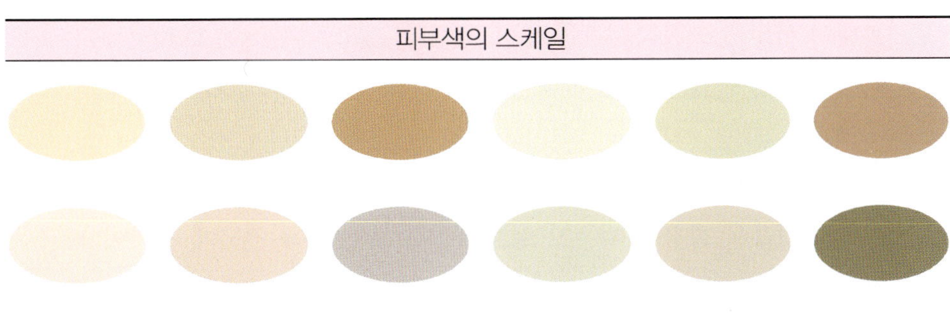

피부색의 스케일

06

퍼스널 컬러 진단순서

1) 테스트 컬러

테스트 컬러로 어울리는 색을 판단해 보자.

A. 퍼스널 컬러의 기본이 되는 피부, 동자(눈동자), 모발의 색을 판단하고 다시 테스트 컬러로 체크를 한다. 테스트 컬러를 얼굴 가까이에 놓았을 때 피부색이 어떻게 변화하는가를 본다. 각기의 테스트 컬러에 의해서 피부가 칙칙하게 보이지 않나 또는 안색이 나쁘게 보이지 않나 등도 생각하면서 셀프 체크한다.

B. 가능한 한 자연광이 들어오는 창가에서 진단한다.

C. 여성의 경우는 화장을 지우고 실제로 테스트 컬러를 얼굴에 가까이 하고 체크한다.

Q1. orange와 blue로 check

orange가 친숙. A, B의 가능성이 있다.   blue가 친숙. C, D의 가능성이 있다.

Q2. orange와 pink로 check

orange가 친숙. A, B의 가능성이 있다.   pink가 친숙. C, D의 가능성이 있다.

Q3. dark orange와 surmon pink로 check

dark orange가 친숙. A의 가능성이 있다.   surmon pink가 친숙. B의 가능성이 있다.

Q4. magenta pink와 pale pink로 check

magenta pink가 친숙. C의 가능성이 있다.   pale pink가 친숙. D의 가능성이 있다.

어느 정도 AB계인가 CD계인가 결정되면 립스틱을 발라 보아 확인한다.

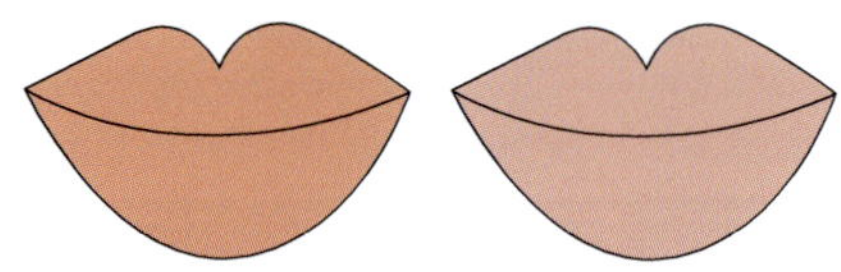

A, B에서 판단이 안 될 경우

코랄핑크계의 입술연지는 떠 보인다.
A type의 가능성이 있다.

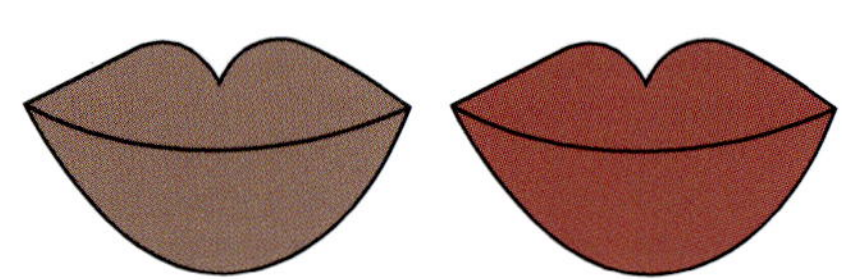

브라운계의 립스틱은 나이가 들어 보
이거나 무겁게 느껴진다.
B type의 가능성이 있다.

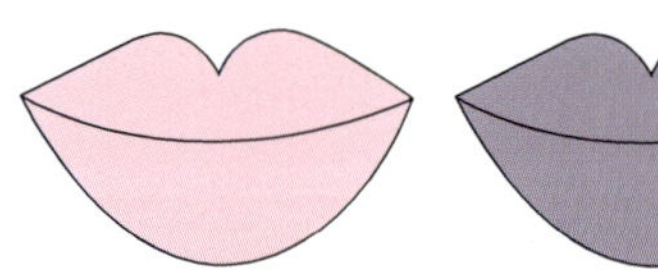

C, D에서 판단이 안 될 경우

연한 pink의 연지는 적막하고 평범하
게 보인다.
C type의 가능성이 있다.

분명하게 진한 pink의 립스틱은 지나
치게 강하다.
D type의 가능성이 있다.

2) 타입별로 보는 색상 차트

이 시스템은 붉은색은 어울리지 않는다거나 녹색은 맞지 않는다고 색을 부정하는 것이 아니다. 다음의 컬러 차트를 보면 알 수 있듯이 어떤 타입에도 각 색상이 들어 있다. 예를 들어 적색이라 해도 여러 가지 톤의 적색이 있다. 다만, 각기 타입에 어느 색상의 톤이 알맞은가를 분류한 것이 이 시스템이다. 좋아하는 색의 톤이 어느 타입에 많은지 찾아보는 것이 퍼스널 컬러를 발견하는 데 도움이 된다.

어떠한 색에 구애되지 않고 좋아하는 색을 자유롭게 즐기고 싶다고 생각하는 것도 정직한 느낌일 것이다. 그러나 좋아하는 색이 자기에게 어울리는 색이라면 문제가 없으나 그리 어울리지 않은 색, 즉 피로해 보이거나 허전해 보이는 색을 코디네이트 하고 있는 사람도 많이 볼 수가 있다. 이 시스템에서 알 수 있듯이 사람에게는 반드시 어울리는 색이 있다. 이왕이면 발랄하게 보이고 젊게 보이는 색으로 코디네이트 하고 싶은 것은 공통된 희망일 것이다. 그것이 퍼스널 컬러를 발견하는 목적이다. 만일 자기의 타입이 아닌 색이 좋은 경우는 얼굴에서 떨어진

쪽, 즉 신체의 하체 부분에 사용하거나 면적을 적게 사용하는 방법으로 사용할
수 있다.

표				
	A type	B type	C type	D type
적색	토마토	오렌지	청적색	딥로즈
핑크/오렌지	딥 오렌지	피치	마젠타	코스모스
황색	해바라기	민들레	레몬	크림
녹색	모스크린	황록	에머랄드 그린	블루 그린(청록)
청색	딥 블루	아쿠아그린	로얄 블루	그레이 블루
갈색	초콜릿 브라운	골든 브라운	세비아	로즈 브라운
베이직 컬러	브라운	아이보리	블랙	라이트 그레이
	베이지	카멜	네이비	라이트

3) 퍼스널 컬러에 따른 각 타입의 특징

(1) 각 타입에 따른 메인 컬러(main color)

최초의 A, B, C, D 각 타입별로 컬러 차트에 나와 있으나 여기서는 다시 알기 쉽게 각 타입의 메인 컬러를 소개한다. 또 각 타입에서 비교적 만들기 쉬운 이미지가 있으므로 평상시 자기의 패션 스타일 등도 생각하면서 참고하자.

* 각 타입에 따른 만들기 쉬운 이미지

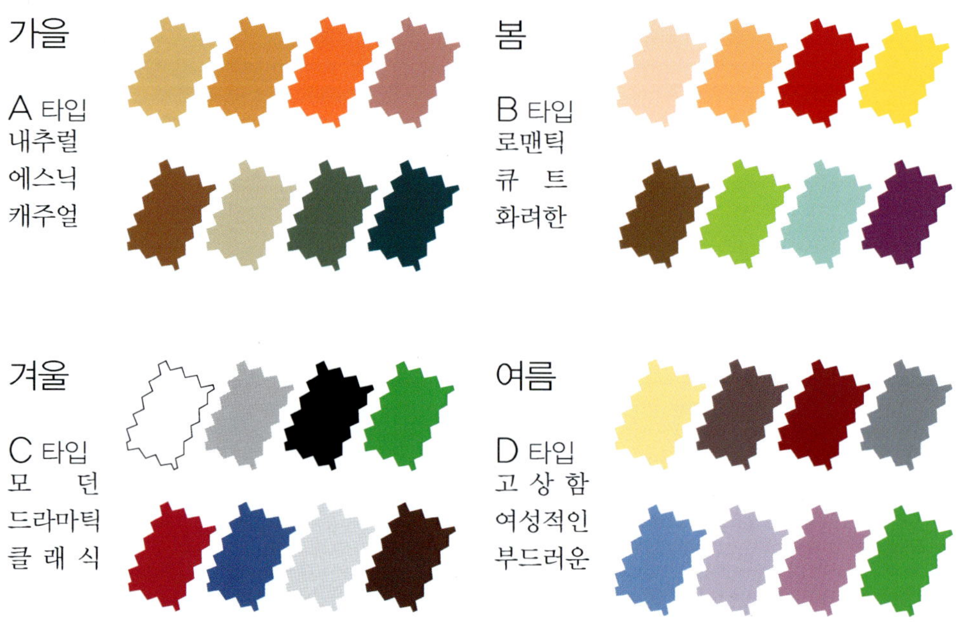

(2) 퍼스널 컬러와 성격

성격적인 것과 퍼스널 컬러에는 깊은 관계가 있다. 또한 색채와 심리의 관계는 이미 많은 학자에 의해서 연구 발표되었다.

또한 컬러 코디네이터들도 많은 사람을 상대로 한 경험으로부터 각기 타입과 성격에 상대적인 관계가 있다고 한다.

A type

A type
- 자기가 납득하지 않고는 행동하지 않는다.
- 마무리하는 역을 맡는 것이 좋다.
- 계획을 수립하고 수정해 나가는 것을 선호한다.
- 한번 맘에 들지 않는 것은 두 번 다시 하지 않는다.

B type

B type
- 단체에서 행동하는 것이 싫다.
- 번화한 장소가 좋다.
- 뜨거워지기 쉽고, 쉽게 식는다.
- 자주 헤어스타일을 바꾼다.

D type

C type
- 단체에서 행동하는 것이 싫다.
- 새로운 장소에서는 자기가 먼저 말을 꺼내지 않는다.
- 비교적 완벽주의적인 데가 있다.
- 섬세하고 개성이 강한 편이다.

D type

D type
- 남의 말을 듣는 것이 좋다.
- 새로운 것에 쉽게 적응하지 않는다.
- 부드러운 이미지를 지니고 있다.
- 헤어스타일을 쉽게 바꾸지 않는 편이다.

(3) 각 타입과 컬러 톤의 관계

각 타입에 톤이 밀접하게 관계하고 있다. 패션뿐만 아니고 메이크업의 컬러 선택 등에서 사용되므로 톤과 이미지 부분을 염두에 두면서 각 타입과 톤의 관계를 알아본다.

A type main tone
dull, dark, deep, light grayish tone

B type main tone
pale, light, bright, vivid tone

C type main tone
vivid, pale, dark, mono tone

D type main tone
light, dull, light grayish, grayish tone

A, B, C, D 타입 시스템의 목적은 지금까지 자기가 알맞다고 생각하고 있는 색을 확인하거나 알맞은 색을 새롭게 발견하는 것이다. 또 자신에게 어울리는 퍼스널 컬러를 발견함으로써, 좋아하는 색인데 어울리지 않는 경우에 코디네이션을 할 때 참고가 된다.

07

이미지 컨설팅

앞에서 A, B, C, D 타입 시스템(system)을 기초로 각각에 알맞은 색을 알아보았다. 이 시스템은 메이크업이나 헤어 컬러의 기초이기도 하다. 피부나 모발의 색은 사람마다 다르기 때문에 각자에게 어울리는 색을 파악하면 대중적 이미지를 수용하기 위해 어떤 커뮤니케이션 배색을 하는 것이 좋은가를 결정할 수 있을 것이다. 이에 따라 피부색, 모발색 메이크업의 색상계획을 하여 사용하는 것이 중요하다.

이것은 미용현장(salon work)에 있어서 중요한 포인트가 된다. 여기서는 피부, 눈동자, 모발의 색을 기본으로 한 A, B, C, D 타입 시스템을 기초로 메이크업 컬러와 헤어 컬러의 기본적인 컬러 코디네이트(Color Coordinate)에 대해서 설명하고자 한다.

1) 메이크업 컬러 차트

먼저 타입별로 메이크업 컬러를 체크해 본다.

의복 색에 맞추어서 립 컬러 등을 선택하는 경우가 많은 듯하나, 우선 그 의복의 색이 알맞은 퍼스널 컬러라야 한다. 그리고 그 의복에 맞는 메이크업 컬러를 선택하면 전체적인 코디네이션(Total Coordinate)을 할 수가 있다. 메이크업의 테크닉도 중요하지만 선택한 색이 역효과가 되거나 색 선택이 단조롭지 않게 타입별로 립, 파운데이션, 아이섀도, 치크의 색을 선택한다.

(1) 립(lip)

A 타입의 메이크업 컬러

A 타입은 갈색(茶)색계나 모스그린 등 깊이가 있고 침착한 색이 기본색이 된다. 또 오렌지 옐로가 기본색으로 되어 있으므로 안정된 오렌지계를 기본으로 한 색을 선택하는 것이 중요하다. 반대로 로즈(rose)계, 자색계의 핑크는 안색이 나쁘게 보이거나 지나치게 강한 인상이 된다.

어울리는 색

브라운계
베이지계
다크 오렌지계
벽돌색

어울리지 않은 색

핑크계
보라계

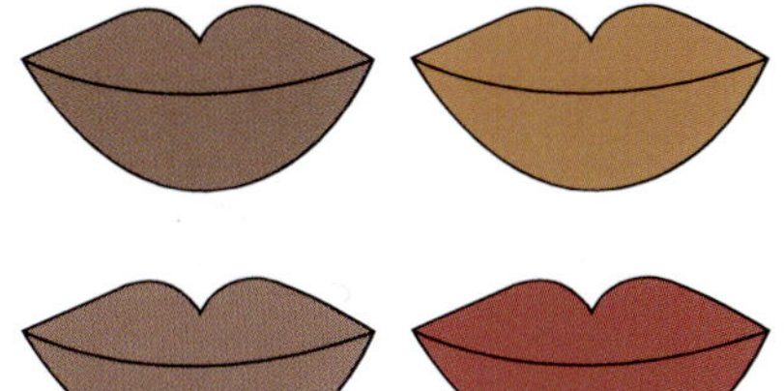

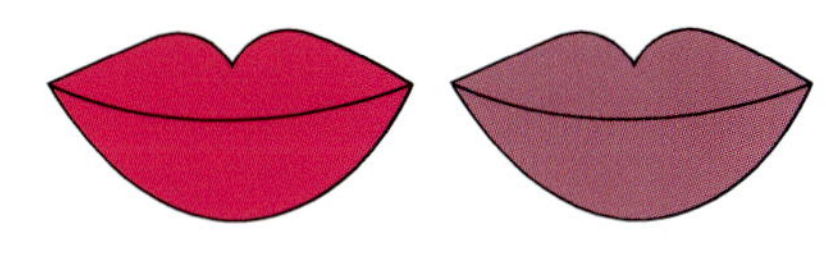

A 타입과 같이 기본색은 오렌지 옐로이기 때문에 핑크계 중에서도 따스한 기미가 있는 핑크(warm pink)를 선택하는 것이 중요하다. 웜 핑크라 함은 적색과 백색을 혼합한 푸른색 기미의 핑크에 황색을 가한 색이다. 또 베이직 컬러(basic color)에 밝은 색이 많으므로 어두운 브라운계의 입술 색상은 무겁고 늙어 보이는 느낌이 있다.

어울리는 색

코랄 핑크계
오렌지계
오렌지 레드계

어울리는 색

핑크계
브라운계

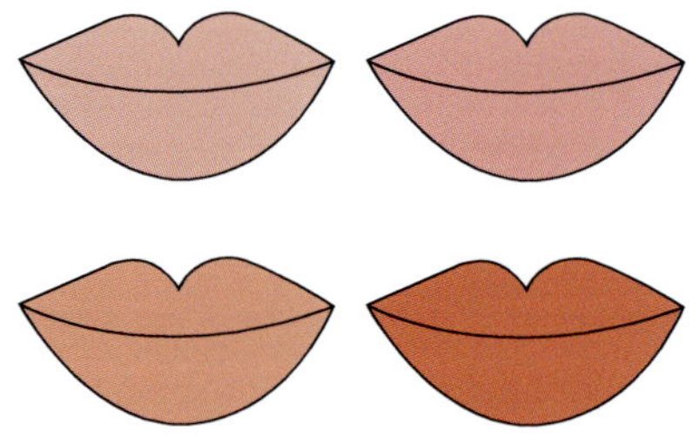

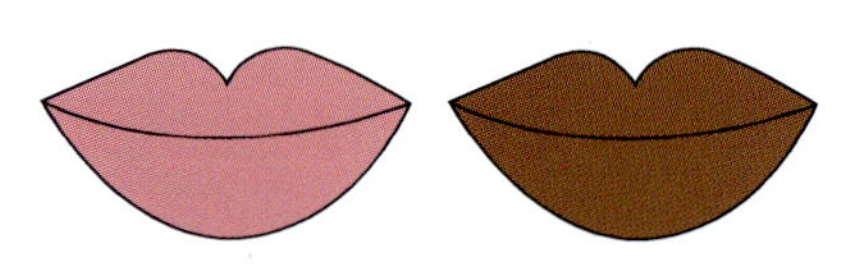

C 타입의 메이크업 컬러

C 타입은 모노톤(mono tone)을 중심으로 선명한 색도 사용할 수 있고 가장 매치하기가 쉽다. C 타입의 기본색은 핑크 블루이므로 오렌지계열 입술 색상은 떠 있는 감이 있고 품위가 없는 느낌으로 보일 수 있다. 또 연한 핑크계의 입술 색상은 외로워 보이고 활기가 없는 인상이 될 수 있다.

어울리는 색

로즈계
레드계
와인 레드계

어울리는 색

오렌지계
피치계

D 타입의 메이크업 컬러

C 타입과 공통으로 기본색은 핑크 블루가 된다. D 타입의 입술 색상은 푸르고
바이올렛색이 적은 핑크가 피부와 조화를 이루어서 피부색에 투명감이 나온다.
C 타입계의 강한 핑크는 두터운 화장으로 보이고, 또 A 타입계의 브라운계 색
은 무겁고 늙어 보이거나, 마른 인상으로 보일 수 있다.

<table>
<tr><td>

어울리는 색

핑크계
베이지 핑크계
와인 레드계

</td><td>

어울리는 색

오렌지계
브라운계

</td></tr>
</table>

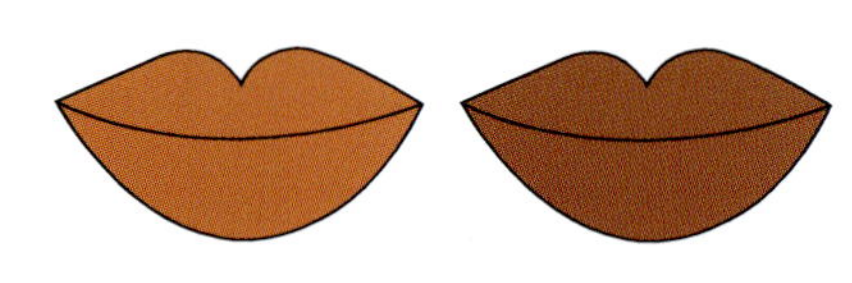

(2) 아이섀도

	어울리는 색		어울리지 않는 색	
A type		브라운계 베이지계 모스그린계 골드계		핑크계 실버계
B type		다크 브라운계 옐로계 오렌지계 베이지계 바이롤렛레드계		핑크그레이계 실버계
C type		그레이계 블루계 그린계 로즈브라운계		오렌지 옐로계
D type		핑크계 라이트 그레이계 라벤다계 로즈브라운계		오렌지 브라운계 모스그린계

(3) 치크

A type 어울리는 색

브라운계　베이지계　다크오젠지계

어울리지 않은 색

핑크계　보라핑크계

B type 어울리는 색

밝은오렌지계 코랄핑크계 오렌지계,
베이지계

어울리지 않은 색

로즈계　브라운계

C type 어울리는 색

바이올렛 핑크계　로즈계　블루 로즈계

어울리지 않은 색

오렌지계　브라운계

D type 어울리는 색

로즈계　라이트 핑크계　블루 로즈계

어울리지 않은 색

오렌지계　브라운계

(4) 파운데이션(Foundation)

　파운데이션의 색 선택은 많은 사람이 가장 고민하는 부분이기도 하다. 자신의 피부이면서도 어울리는 색을 아는 것이 의외로 힘든 일이기 때문이다. 면적이 제일 큰 부분일수록 신중히 선택을 하는 것이 중요하다. 여기서는 어디까지나 하나의 실례를 나타내는 것이니 참고로 하기 바란다.

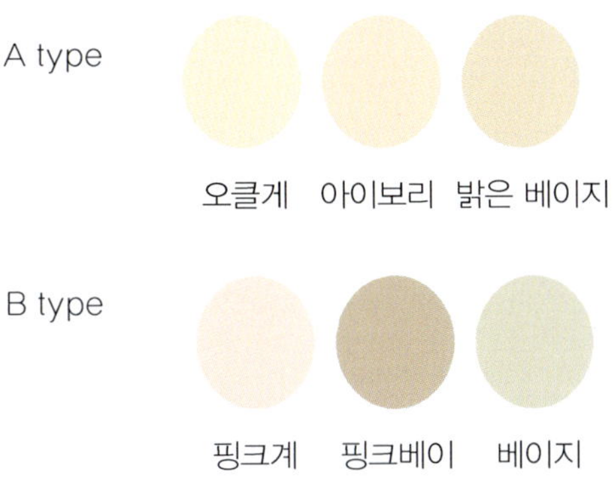

2) 내추럴 이미지와 드레스업 이미지에 따른 메이크업 컬러

　두 가지 타입별로 각 이미지를 표현해 보자.

　여기서는 내추럴(natural) 메이크업과 드레스업(dress-up) 메이크업의 두 가지의 메이크업 컬러의 실례를 소개하고 있다. 컬러 견본을 참고로 해서 실제 모델로 각 타입의 메이크업을 실습하면 좋을 것이다. 집에 가지고 있는 메이크업용품을 각 타입별로 분류하고, 색에 치우치는 것이 없나 확인하면서 타입별로 각 이미지를 표현해 보자.

A type   natural   dress-up

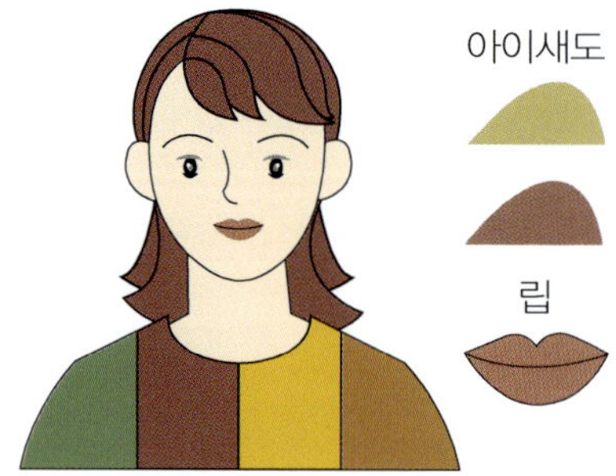

근래 메이크업 컬러의 주류는 내추럴이
다. A 타입에서는 내추럴 컬러가 많이
들어 있으므로 내추럴 메이크업을 표현
하기 쉽다고 할 수 있다. 베이지나 브라
운을 기본으로 하고 여러 가지를 강조하
지 않는 것이 중요하다.

내추럴계의 색이 많은 A 타입이나, 드레
스업 메이크업의 경우도 너무 색을 강조하
지 않는 것이 좋다. 침착하고 깊이가 있는
색을 기본으로 사용하는 것이 중요하다.

B type   natural   dress-up

B 타입에는 밝은 색이 많고 칙칙한 색은
없으나, 내추럴 메이크업의 경우에는 약
간 색을 절제하고 온화한 이미지로 메이
크업 컬러를 선택하는 것이 포인트이다.
예로 립 컬러는 생생한 오렌지가 아니고
누드 컬러에 약간의 오렌지를 가한다는
생각으로 사용하면 좋다.

B 타입은 강한 색보다는 화려한 색이 기
본색이다. 드레스업의 경우는 약간 강한
오렌지 누드 오렌지 핑크를 혼합한 코랄
핑크계의 립 컬러에다 아이섀도는 옐로
나 바이올렛과 같이 반대색의 배색으로
사용하면 보다 화려함이 증가할 것이다.

C type   natural   dress-up

드라마틱하거나 모던한 이미지가 만들기 쉬운 C 타입이지만 내추럴 메이크업의 경우에는 그린계나 감색계의 아이섀도를 중심으로 빨간색이나 로즈계에 와인-레드계의 색을 조금 가해서 억제한 느낌이 있는 색으로 만들면 좋다. 펄(pearl)계를 사용하지 않고 완벽한 마무리를 하는 것이 포인트이다.

개성이 강한 C 타입은 드레스업 메이크업에서도 색을 강조하는 것이 효과적이다. 같은 메이크업에서도 색을 강조하는 것이 효과적이다. 같은 메이크업을 다른 타입에서 하면 두꺼운 화장으로 보이나 여기서는 어색하지 않다. 도리어 어중간한 색 사용은 피하고, 립 컬러도 짙은 적색이나 강한 핑크로 강약을 분명하게 한다.

D type   natural   dress-up

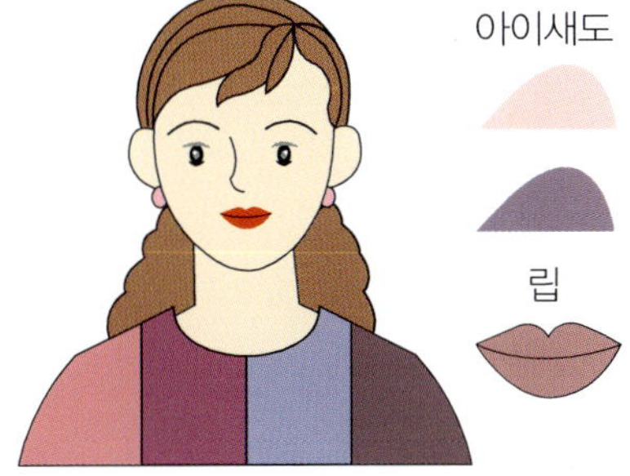

소프트하거나 스모키(smoky)한 색이 기본색인 D 타입은 연한 핑크나 블루의 느낌이 나는 색을 사용하면 좋다. 수채화 같이 전체적으로 부드럽고 상냥하게 마무리하면 기품이 있는 메이크업으로 마무리 될 수 있다.

온순한 색이라고 생각하기 쉬운 D 타입이지만 그 특징은 그윽하고 상냥하며, 기품이 있다. 드레스업 메이크업의 경우는 내추럴 메이크업에서 사용한 색을 약간 강하게 하는 것이 효과적이다. 억제해서 사용한 색이라도 결코 외롭게 보이지 않는 것이 D 타입이다.

앞장에서 설명한 바와 같이 A, B, C, D 타입을 구별하는 목적은 지금까지 자기가 알맞다고 생각하고 있는 색의 확인과 알맞은 색의 새로운 발견이다. 여기서는 대표적인 예를 소개하였으나 자기 나름대로 각 타입별로 색을 선택해서 이미지마다 새로운 메이크업 컬러를 적용할 수 있다.

3) 각 타입에 어울리는 헤어 컬러

타입별로 헤어 컬러를 체크해 보자.

헤어 컬러에서도 A, B, C, D 타입별로 알맞은 색이 있다. 타입과 어울리지 않는 헤어 컬러는 조화가 이루어지지 않고 차분함이 없다. 그리고 헤어 컬러는 어디까지나 토탈 패션의 일부이므로 지나치게 두드러지면 의복이 눈에 띄지 않을 뿐만 아니라 이질적인 느낌이 든다. 의복과 메이크업과 헤어 컬러를 토털 코디네이트에 맞추는 것이 지금 미용현장에서 중요하다고 생각된다. 여기서는 각 타입별로 헤어 컬러를 체크해 본다.

A 타입 가을

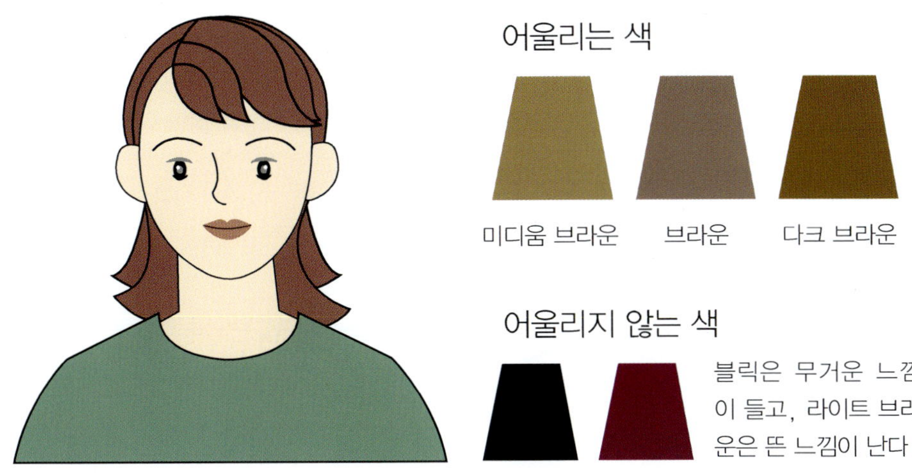

　A 타입은 깊이가 있는 색이 많으므로 동양계 피부색의 경우에 코디네이트를 하게 되면 나이 들어 보이게 된다. 때로 어중간한 그레이 헤어는 의복색도 모발의 색도 칙칙하게 보이게 한다. 또 브라운계를 좋아하는 흑발은 무겁게 느껴진다. 거꾸로 지나치게 밝으면 세련된 색이 그 깊이를 잃어서 품위가 없어 보인다. 밸런스를 생각해서 헤어 컬러링을 하는 것이 중요하다.

어울리는 색

미디움 브라운   브라운   다크 브라운

어울리지 않는 색

블릭은 무거운 느낌
이 들고, 라이트 브라
운은 뜬 느낌이 난다.

    밝은 색을 좋아하는 B 타입은 모발의 색을 밝게 해도 떠 있는 느낌이 없다. 도리어 흑발은 무겁게 느껴지고 조화감이 없다. B 타입은 특별히 오렌지, 옐로가 어울리는 컬러이기 때문에 흑발에 오렌지나 옐로계의 하이라이트를 넣어서 밝기를 내는 것도 어울리게 된다. 그레이 헤어의 양이 많은 경우도 문제는 없으나 어중간한 경우는 화려한 B 타입의 색에 대해서 조화가 맞지 않는 인상이 된다. 크게 헤어 컬러링을 즐길 수 있는 것이 B타입이다.

    미용현장에서는 밝게 염색하는 것도 어느 정도까지 하는 것이 좋은가, 어떤 색을 기초로 하는 것이 좋은가 등 알맞은 색을 바로 어드바이스 할 수 있는 것이 중요하다. 명도가 낮은 동양인의 모발에 헤어를 어떻게 아름답게 표현하는가는 중요한 문제라 할 수 있다. 자연스러운 느낌을 벗어나지 않고 각자의 장점을 보다 극대화하는 것이 헤어 컬러링의 제일 큰 포인트이다. 여기서 소개한 각 타입별 컬러를 참고로 미용현장에서 실제로 타입별로 실천해 보자.

C 타입 겨울

　모노톤인 퍼스널 컬러의 C 타입에는 흑발이 가장 알맞은 타입이다. 강약이 있는 색도 이 타입의 특징이기 때문에 핑크계의 색을 밸런스를 생각해서 사용하는 것도 좋다. C 타입의 베이스 컬러는 블루계와 핑크계이므로 밝고 황색 기미계의 브라운은 권할 수가 없다. 모발의 색만을 강조하면 품위가 없는 인상을 줄 뿐만 아니라 얼굴도 칙칙하게 보일 수 있다.

D 타입 여름

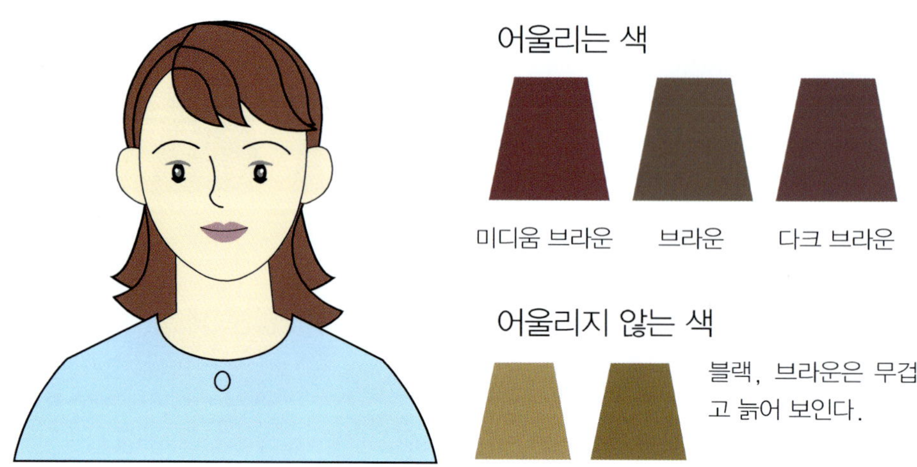

부드럽고 그레이시 컬러가 많은 D 타입에는 그레이 헤어도 품위 있게 보인다. 또 그레이 헤어를 살리고 블루계의 색을 디자인에 맞추어서 잘 사용하는 것도 어울린다. 다만 흑발은 무거운 인상이 되므로 와인 레드계의 약간 밝은 컬러를 권한다. C 타입과 같은 핑크계, 블루계가 베이스 컬러이므로 황색기미 계통 색은 조화하기 힘들고 모발색만 떠 보일 수도 있다.

08

얼굴 윤곽에 따른 하이라이트 헤어 컬러링 응용테크닉

메이크업할 때 얼굴의 윤곽이나 골격을 기초로 하는 이론은 헤어 컬러링에서도 적용할 수 있다. 얼굴의 윤곽은 크게 분류하면 6가지 타입이 된다. 색채의 기초 지식에서 배운 진출색이나 후퇴색, 팽창색과 수축색 등의 원리를 다시 한 번 복습하면서 각기 그 얼굴의 윤곽에 맞춰서 하이라이트(high right)와 로우라이트(low light)를 넣는 방법을 생각해 보자.

1) 둥근 얼굴

자칫하면 얼굴이 크고 폭이 넓은 인상으로 되는 수가 있다. 얼굴을 길고 작게 보이게 하는 것이 주안점이다. 탑(top)에 하이라이트, 사이드(side)에는 로우라이트를 넣으면 둥근 느낌이 없어진다.

어울리지 않는 헤어 컬러링: 사이드를 밝게 하면 얼굴의 가로 폭이 강조되어 버린다.

2) 사각형 얼굴

샤프하고 개성적이긴 하나 턱이 앞으로 튀어나온 것은 역시 얼굴이 커 보이거나 굳은 인상을 준다. 얼굴이 길게 보이는 것이 주안점이다. 사이드에 로우라이트, 탑에 하이라이트를 넣고 볼륨 감각을 주면 얼굴의 길이를 강조하게 된다.

어울리지 않는 헤어 컬러링: 사이드에 하이라이트, 탑에 로우라이트를 넣으면 폭이 강조되어 얼굴이 커 보인다.

3) 장방형 얼굴

얼굴의 세로 길이가 길기 때문에 전체 비율의 밸런스가 흐트러져 보일 때가 있다. 폭을 넓혀서 얼굴 전체를 조화롭게 보이는 것이 주안점이다. 사이드에서 머리 기장 밑 부분을 향해서 하이라이트, 탑에 로우라이트를 넣으면 얼굴의 폭이 넓어져 보이고 길어 보이는 것이 어느 정도 보완된다.

어울리지 않는 헤어 컬러링: 탑에 하이라이트, 사이드에 로우라이트를 넣으면 길이를 강조하게 되어 버린다.

4) 삼각형 얼굴

턱이 앞으로 튀어나오는 경우가 많으므로 아래가 넓어 보이거나 턱의 라인이 산뜻하게 보이지 않는 때가 많다. 주안점은 턱의 폭과 탑의 밸런스를 맞추는 것이다. 탑에 하이라이트, 머리 기장 밑 부분에 로우라이트를 넣어 주면 상하의 밸런스가 맞아서 전체가 마무리된다.

어울리지 않는 헤어 컬러링: 머리 기장 밑 부분에 하이라이트를 넣으면 턱의 폭이 강조되어 얼굴이 크게 보일 수 있다.

5) 역삼각형 얼굴

삼각형과는 반대로 턱의 폭보다 이마의 폭이 넓은 경우이다. 이 형의 경우는 특별히 신경을 쓸 필요는 없으나 다소 왜소한 인상으로 보일 때도 있다. 주안점은 역시 탑의 폭과 턱의 밸런스이다. 탑에 로우라이트, 머리 기장 밑 부분에 하이라이트를 넣으면 머리기장 밑 부분에 볼륨감이 생겨서 조화를 이룬다.

어울리지 않는 헤어 컬러링: 탑에 하이라이트를 넣으면 볼륨감이 생겨서 양측 광대뼈가 두드러진다.

6) 목이 짧고 굵다

삼각형의 경우와 공통부분이 있다. 목 밑이 압박되어 분명하지 않고 키가 작아 보이기도 한다. 옷깃 언저리를 분명히 하고 시선이 목으로 가지 않도록 하는 것이 주안점이다. 사이드에서 탑까지 하이라이트, 머리 기장 밑 부분에 로우라이트를 넣으면 눈 선이 탑으로 가서 턱의 폭도 좁게 보인다.

어울리지 않는 헤어 컬러링: 머리 기장 밑 부분에 하이라이트를 넣으면 턱의 폭이 강조되어 목 밑으로 시선이 간다.

참고문헌

강현두 · 원동진 · 전규찬, 현대 대중문화의 형성, 서울대학교 출판부, 1998.

강현두 외 3인, 현재 대중문화의 형성, 서울대학교 출판부, 1998.

고연기, 잡지편집의 이론과 실제, 서울 보성사, 1984.

국민민속박물관, 한국의 얼굴, 서울: 신유, 1994.

권혜욱 · 유송옥, 한국 현대 남성복 변천에 관한 연구, 성균관대 인문과학연구소
　　　　제26집, 1996.

김덕록, 화장과 화장품, 도서출판 답게, 1998.

김대환, 6 · 25동란 이후 정치 엘리트의 의식변화, 「해방 40년 한국 현대 사회사
　　　　의 재구성」, 세계평화 교수협의회, 서울: 일념, 1985.

김명자, 화장품의 세계, 정음사, 1987.

김민자, 2차대전 후 영국 청소년 하위 문화스타일, 의류학회지 11호, 1987.

김선숙, 유행스타일의 결정과 확산에 대한 연구, 서울대 의류학과 석사학위논문,
　　　　1994.

김선영, 동 · 서양 화장 문화에 관한 연구(14C~18C), 세종대 가정학과 석사학위
　　　　논문, 1992.

김수정, 1950년대 이후 한국패션의 변천과 그 양식, 이화여대 대학원 석사학위
　　　　논문, 1989.

김지희 외 2명 20세기 화장 문화사, 경춘사, 2006.

김영자, 한국의 복식미, 민음사, 1992.

김용춘, 멋과 맵시의 색채와 디자인, 세진사, 1994.

김은주, 한국 전통화장 풍속사에 관한 연구, 복식학회지 5호.

김은주, 한국 전통화장 풍속사에 관한 연구, 복식학회지 13호, 1989.

김춘석, 한국 여성 양장의 변천에 관한 고찰, 이화여대 대학원 석사학위논문,
　　　　1977.

김희숙, 20세기 서구여성 hair style 변천에 관한 연구, 성균관대 대학원 의상학
　　　　과 석사학위논문, 1993.

김희숙, 20세기 한국여성 hair style 변천에 관한 연구, 미용학회지 1호, 1995.

김희숙, 20세기 화장의 변천에 관한 연구, 미용학회지 2호.

김희숙, 해방 이후 한국여성 화장변천 및 특성에 관한 연구, 복식학회지 32호.

김희숙·이은임, 메이크업과 패션, 서울: 수문사, 1996.

나경남, 화장품 광고를 위한 복식 디자인 연구, 이화여대 산업미술대학원 의상디
자인전공 석사학위논문, 1992.

나채희, New Wave 패션, 이화여대 석사학위논문, 1986.

남윤자, 여성 상반신의 측면형태에 따른 체형연구, 서울대 박사학위논문, 1991,
미용회보 1998. 1.~1998. 3, 대한미용사협회.

박길순, 한국현대 여성복식의 발달에 미친 요인 분석, 한양대 박사학위논문.

박보영, 한국·중국·일본 여성의 색조 화장 문화, 경희대 가정학과 박사학위논
문, 1997.

박순심, 우리나라 복식 현상에 관한 연구: 1960년대와 1970년대를 중심으로 복
식 16, 1991.

박영자, 우리나라 현대 여성복의 변천에 관한 연구, 성신여대 대학원 의류학과
석사학위논문, 1989.

박용헌, 해방 40년 가치의식의 변화와 전반, 서울대학교 출판부, 1987.

박은실, 포스트모던 복식에 관한 연구, 이화여대 석사학위논문, 1991.

박전홍, 코디네이션의 연출에 관한 연구, 홍익대 산업미술대학원 의상전공 석사
학위논문, 1990.

박현서, 가정 저널리즘, 그 변천과 경향1, 신문평론 50, 1974.

백영자 외 1명, 서양복식문화사, 경춘사, 1994.

서인터내셔날, 미용기초기술, 보성사, 1989.

성희진, 현대 한국여성 양장에 나타난 색채와 문양의 기초도에 관한 연구, 성균
관대 대학원 의상학과 석사학위논문, 1994.

손인주, 한국여성교육사, 서울연세대학교 출판부, 1977.

송문정, 우리나라 전통화장 문화에 관한 연구, 이화여대 대학원 장식미술학과 석
사학위논문, 1991.

송민정, 우리나라 전통화장 문화에 관한 연구, 이화여대 석사학위논문, 1991.

숙대 삼십년사 편찬위원회, 숙명삼십년사, 서울 숙명여대, 1968.

신환리뷰, 서울, 1991.

안태호, 대량 소비구조의 변천, 세계평화교수협의회.

양덕재, 최신화장품학, 장업신보, 1998.

엄소희, Punk Fashion에 관한 연구, 이화여대 석사학위논문, 1987.

엄소희, Pumk fashion에 관한 연구, 홍익대 산업미술학과 석사학위논문, 1988.

여원잡지, 1956~1975.

유선아, 화장품 광고에 나타난 의상 디자인 연구, 홍익대 산업대학원 의상디자인
　　　　전공, 석사학위논문, 1995.

유송옥, 개화기 서양복식 유입의 충격과 수용, 전통문화와 서양문화Ⅱ, 성균관대
　　　　학교 출판부, 1987.

유송옥 · 이은영 · 황선진, 복식문화, 교문사, 1996.

유수경, 한국여성 양장변천사, 일지사, 1991.

유태순, 의상 디자인의 유행분석과 예측, 효성여대 대학원 의류학과 석사학위,
　　　　1993.

이강수, 한국 대중문화론, 서울 법문사, 1987.

이능희, 태평양 50년사, (주)태평양화학, 1995.

이온죽, 여성 가치의식의 변화와 전반, 서울대학교 사회과학연구소.

이정아, 현대 여성복식에 표현된 에스닉풍에 관한 연구, 성균관대 석사학위논문,
　　　　1994.

이화순, 한국여성의 MAKE-UP 조형성에 관한 연구—얼굴형에 적합한 화장색
　　　　조와 선을 중심으로—, 홍익대 산업미술대학원 석사학위논문, 1992.

임호섭, 한국사회의 발전과 문화, 나남, 1987.

의상, 서울: 의상사, 1970.

전완길, 한국화장 문화사, 열화랑, 1994.

전완길외 8명, 한국생활문화 100년, 장원, 1995.

정상호, 현대 패션모드, 교문사, 1996.

정세현, 한국여성의 신문화운동 –1920년대 초기의 여성운동을 중심으로– 「아세
　　　　아 여성연구」 제10권(서울: 숙명여자대학교 아세아여성문제연구소).

정흥숙, 서양복식문화사, 교문사, 1990.

조규화, 복식미학, 수학사, 1982.

조규화, 1920년대 가르손느의 출현과 그 복색, 의류학회지 8호, 1984.

조은별, 20세기 화장 문화에 관한 연구, 이화여대 대학원 의류직물학과 석사학위, 1996.

조은영, 영화의상을 중심으로 한 대중패션의 분석, 대구 효성카톨릭대학원 의류학과 석사학위논문, 1996.

조선일보, 1981년 1월 9일.

조효순, 한국복식풍속사연구, 서울: 일지사, 1988.

주매숙, 인물에 표현된 얼굴의 미 연구, 고려대 교육대학원 미술전공, 석사학위, 1994.

한국장업 50년사, 대한화장품공업협회, 1998.

한국장업사, 대한화장품공업협회, 1986.

홍병숙, 우리나라 여성의상의 유행에 관한 연구, 중앙 석사학위논문, 1974.

화장품연감, 화장품공업협회.

황선진 외 3명 패션과 문화, 교문사, 2009.

황원연 "교육사회학", "교육과학사" 서울, 1984.

靑木英夫, 西洋化粧文化史, 原流社, 1979.

春山行夫, おしいゆねの文化史(History of Beauty Calture), 동경, 平凡社, 1976.

AMY DE LA HAYE, FASHION SOURCE BOOK, El 12abcth ewing.

Barnes & Noble, History of TWENTIETH GENTURY FASHION, Books Lansam, Maryland.

Bevis Hillier · 조규화 역, 20세기 양식(1990～1980), 서울: 수학사, 1993.

Blanch payme, History of Coustume, New York Happer & Row Publishers 1965.

Bond, David · 정현숙 역, 20세기 패션, 경춘사, 1992.

David bond, Glamour in fashion Guiness publishing, 1992.

DEVYN AUCOIN, MAKING FACES, NEW YORK.

Geogina Howell, In Vogue, London: Ramdon House, 1975.

GRANDES DAMES DU CINEMA, GRUND.

IRENE COPEY, THE FACE IS A CANVAS, ANCHORAGE PRESS post

office Box8067 New orleans, Louisiana 70182.

Jewell 「MAKING UP BY REX」N.Y. potter, 1986.

KATE DE CASTE LAATAC, THE FACE OF THE CENTURY, R220LI NEW, YORK, 1994.

Kevyn Aucoin, The Art of Make-up, Harper collins Publishers, 1996.

Les Grands Dossiers, de L'lLLUSTARTION LA MODE, HISTOIRE D'UN SIECLE, 1843~1944, LE KIVRE DE PARIS.

Nathalie Chahine, 100 ANS DE BEAUTE, Editions Atlas S. A., Paris, 1996.

Richard Corson, FASHION IN MAKE UP.

Robin tolmach Lokoaff & Raquell Scherr, Face Value the politics of Beauty Rouhedge Kegan Paul, 1984.

Russell, Douglas A, Costume History and Style, Englewood Cliffs: Prentice-Hall, Inc. 1983.

SABINE JEANNIN DA COSTA, LA BEAUTE, 1995.

SHU UEMURA, MODE MAKE-UP COLLECTION, SINCE, SHU UEMURA ARTIST TEAM, 1996.

THE FACE OF THE CENTURY, 100YEARS OF MAKE UP AND STYLE, A KATE DE CASTELBAJAC RIZZOLI, NEW YORK.

VIDAL SASSOON Art coiffure ed Liberté préface de Fréderic Mitterrand Editions plume, 51 rae de Turenne, Paric 3e Diana Lewis.

WOMEN OF FASHION, TWENTIETH-CENTURY DESIGNERS, RIZZOLI International publications Inc, 300park Quemue south New York NY10010.

웹사이트 : http://www.hera.co.kr(아모레 헤라)
　　　　　http://www.amoshair.co.kr(아모스 프로페셔널 헤어스토리)
　　　　　http://www.wella.co.kr(웰라 코리아)
　　　　　http://www.lorealprofessionel.com(로레알 프로페셔널)

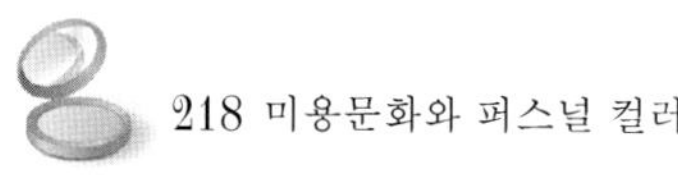

김희숙

성균관대학교 생활과학대학 의상학 학사 · 석사 · 박사
미국 LA소재 VIDAL SASSOON BEAUTY ACADEMY
      AND SCHOOL COSMETOLOGY COURSE 수료(1989)
미국 캘리포니아 미용사 자격증 취득
프랑스 파리 크리스티앙 쇼보 MAKE UP SCHOOL 수료
일본 SAN CUORE 퍼스널 칼라 진단 수료
프랑스 MAKE-UP FOREVER ACADEMY 수료
교육인적자원부 주최 실업계 고등학교 『헤어미용』 저자(2002)
KBS-TV분장, 미용분야 디자인 감수 및 고증자문 위원 역임(2004~2005)
교육과정심의회교과별위원회 위원 역임(2006. 6~2008. 6)
전문계 고교 직업교육박람회 심사위원 역임(2007)
현) 부산여자대학 이가자헤어비스과 학과장
    한국인체미용예술학회 회장

『메이크업과 패션』
『헤어미용』, 실업계 고등학교
『헤어 커팅웨이』
『뷰티&스페셜 메이크업』
『패션과 뷰티를 위한 코디네이션』

미용문화와 퍼스널 컬러

초 판 인 쇄 2012년 1월 2일
초 판 발 행 2012년 1월 2일

지 은 이 김희숙
펴 낸 이 채종준
기   획 이주은

펴 낸 곳 한국학술정보(주)
주   소 경기도 파주시 문발동 파주출판문화정보산업단지 513-5
전   화 031) 908-3181(대표)
팩   스 031) 908-3189
홈 페 이 지 http://ebook.kstudy.com
E – mail 출판사업부 publish@kstudy.com
등   록 제일산-115호(2000.6.19)

ISBN   978-89-268-2963-9 03590 (Paper Book)
          978-89-268-2964-6 08590 (e-Book)

이담 Books 는 한국학술정보(주)의 지식실용서 브랜드입니다.